著者　村田　祐子
監修　五十嵐　一公

発行 悠々舎出版　発売 そらの子出版

# 目次

CONTENTS

## 第1章 『パピヨン』ってどんな犬？



## 第2章 子犬を迎える準備をしよう



## 第3章 子犬がわが家にやってくる

## 第4章 環境に慣れてからの生活

## 第5章 上手なしつけ方、訓練のしかた

## 第6章 毎日のグルーミングで清潔



## 第7章 成犬・老犬の食事の与え方

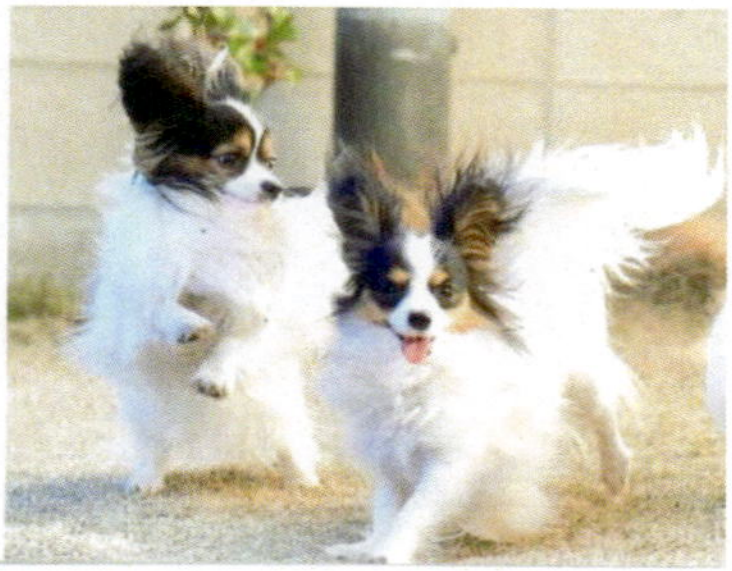



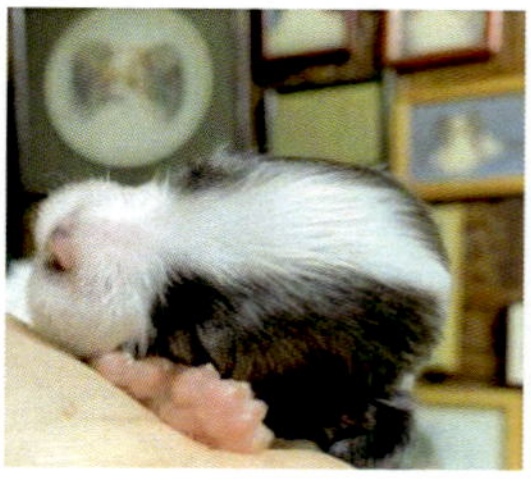

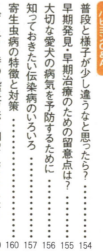

# 第 1 章

# 『パピヨン』って
# どんな犬？

## いつでも一緒だよ、『パピヨン』

この犬と一緒に暮らし始めたら、もうパピヨンのいない生活なんて考えられなくなります。笑いいっぱい、驚きいっぱい、楽しい毎日が送れること間違いありません。

これから飼おうと思っている方へ。すでに一緒に暮らしている方へ。そんな『パピヨン大好き』なあなたに向けて、愛しき相棒についてのすべてを満載しました。

## 魅力いっぱい、わが家のアイドル

ちっちゃくて目がクリンとしてるかわいいワンちゃんたち。小型犬は都会のマンションでも安心して飼えるので、多くの家庭に愛玩犬として迎えられています。

そんな愛玩犬の中でもひときわ優雅で賢く、環境に対する適応能力に優れているパピヨンは、飼いやすさでもピカイチ。初心者にも安心して飼育できる犬種です。

一方、美しい容姿に磨きをかけてドッグ・ショーに出したり、活発で遊びたがりやの性格をいかしてアジリティなどの

スポーツを楽しんだりと、飼育経験者にとっても楽しみは尽きません。一緒の時間を共有すればするほどパピヨンの魅力は深まっていきます。

さらに、2匹目、3匹目の犬を飼いたいと思っている方にも、パピヨンはうってつけです。外見は飾り毛に覆われて華やかですが、意外に手入れも簡単。おまけに小型犬種の中では『イチバン』と言われるほど丈夫です。そんなことから、パピヨンを多頭飼いする人が多くなっています。友好的で好奇心旺盛なため、他犬種とも自然体で仲良く暮らしていけるでしょう。

Papillon Q&A

## Q 『パピヨン』の名前の由来は？

### A 大きくてピンと立った耳はまるで『蝶』のよう

この犬の一番の特徴が耳。フサフサの飾り毛で縁取られたこの耳の形、羽を広げた『蝶』のように見えませんか？　そう、パピヨンとはフランス語で『蝶』の意味なのです。なかには耳が垂れたタイプもあって、こちらのほうは『ファレーヌ』と呼ばれ、フランス語で『蛾』の意味です。

以前には、クルンとまるまった尻尾がまるでリスのようなことから、『スクワレール』（フランス語で『リス犬』の意味）と名付けられたり、ちっちゃなスパニエルということで『ドワーフ・スパニエル』（フランス語で『一寸法師のスパニエル』の意味）と呼ばれていたこともあったそうです。

Papillon

## ファレーヌ

パピヨンとファレーヌは体型、性格などはよく似ていますが、耳が垂れているぶん、ファレーヌのほうが先祖のスパニエルに似ていると言えるでしょう（スパニエルは耳が垂れています）。

1900年代前半のヨーロッパでは、どちらかと言えばファレーヌの方が主流でしたが、のちに立ち耳のパピヨンのほうがグングンと人気を延ばし、ファレーヌの数は激減。当時、両者をかけ合わせたことにより片方だけ立ったりするなどの中途半端な耳の犬が多く生まれてしまったことも、ファレーヌの衰退に拍車をかけてしまったようです。

この2つのタイプは同じ親から生まれることもあります。誕生してすぐの赤ちゃんは耳が垂れていることが多いので、その時点ではパピヨンなのかファレーヌなのか判断がつきませんが、大半は成長するにつれて耳が立ち、りっぱな『パピヨン』となるのです。

Papillon Q&A

## Q 『パピヨン』ってどんな性格？

**A いつだってパワー全開の明るい人気者**

パピヨンを見て、どんな印象を受けますか？　優雅で気品があって、小型犬なのに、どこか堂々とした風格を感じますよね。一見、繊細でおっとりとした印象を受けるかもしれませんが、鳥猟用犬種スパニエルの血を引く犬だけあって動作はとても俊敏。その走る速さといったら、驚きのひと言です。食事の用意を始めるやいなや、台所に向かって一目散。ピンポーンとチャイムが鳴れば、音が鳴りやむのを待たずに玄関へ竜巻のように駆け込みます。好奇心が旺盛なので、いつも何かおもしろいものを求めて部屋中を探検して歩いているほど。そんなスピード感いっぱいの毎日を送っているのです。

かといって、落ち着きがない犬だったり、自己主張が強すぎる『きかん坊』というわけではありません。明るくておおらかで、誰に対しても愛想のいい人気者。主人がテレビを見たり、本を読んだりしていると、その状況を察しておとなしく膝の上で丸まって寝ていることだってあります。攻撃性もほとんど見られず、しつけをすれば赤ちゃんや小動物にも優しく接します。いま話題のアニマル・セラピーの現場で、多くのパピヨンが活躍していることも納得です。

Papillon Q&A

## Q すぐに慣ついてくれるかな！

**A 人が大好き。コミュニケーション能力はバツグン**

同じパピヨンでも個性があり、なかにはシャイな犬もいますが、おおむねパピヨンは人間にかまわれることが好き。いつも人のそばにいることを望みます。ですから、ケージに閉じ込められて、一日中誰にも相手にしてもらえないといった孤独な状況には弱いと言えます。留守がちな家庭よりも、常に家族の誰かがいる環境のほうがパピヨンの飼育には適しています。毎日留守番があるなら、帰ったらたくさん声をかけ、遊んであげるようにしましょう。

また、学習能力が高いので、人間の行動をジーっと観察して、家族にほめられるような行動を積極的に取ろうとするチャッカリ者です。注目を浴びたいためにおちゃらけた仕草をし、それが喜ばれることを憶えると、何度も繰り返します。ときには人の行動を先読みしすぎてドジを踏むことも。機転がきく犬だからこその『ひょうきんぶり』が、いつも家族の笑いを誘うことでしょう。

*Photo Tomomitsu Ono*

Papillon Q&A

## Q しつけは最初が肝心？

**A 知性が高いので、飲みこみは早い**

パピヨンは小型犬種の中でもトップクラスの知性を誇っています。その場の状況を判断したり、言葉の理解力もあるので、しつけはとてもしやすい犬種と言えるでしょう。ただし、飼い主がしつけを怠って甘やかし、犬が『主人よりも偉い』と一度でも認識してしまうと、パピヨンは賢いぶん矯正することが難しくなります。本来、服従心のある素直な犬なので、小さいうちから家族の順位をはっきりとさせ、きちんとしつけることが大切です。もし自信がないという場合は、パピヨンのブリーダーの方に聞くかしつけ教室などに通ってプロのドッグ・トレーナーに指導してもらうとよいでしょう。

Papillon Q&A

## Q パピヨンはどこの国の犬?!

**A 通説ではフランスが原産国**

『パピヨン』『ファレーヌ』という名前の由来がフランス語にあることからも分かる通り、通説ではフランスが発祥国と言われています。ただし、パピヨンの先祖であるスパニエルは『スペインの犬』という意味があり、さらにはベルギーでも「わが国こそパピヨンの母国」と主張。その歴史は 14 世紀にさかのぼるほど古く、正確な出身地については、いまだはっきりとしていません。

Papi llon

## 世界のパピヨン

### ●各国のパピヨン事情

世界中で愛されているパピヨン。いまではヨーロッパを越えてさまざまな国でも繁殖されています。とくにブリーダーの間で人気が高いのは、母国フランスではなくスウェーデン産のパピヨンです。品種の優秀さが認められ、ヨーロッパ大陸諸国やイギリス、アメリカなどに多数輸入され、その中から数多くの国際チャンピオンも誕生しています。

イギリスは、同じくトイ・ドッグでスパニエル系のキャバリア・キング・チャールズ・スパニエルが生まれた国として知られていますが、ここでもパピヨンの人気は引けを取りません。

アメリカでもパピヨンは古くからショーに出陣していましたが、1925年になってようやくこの犬種がアメリカ・ケネル・クラブ（AKC）に承認され、その10年後に独自のパピヨン・クラブが設立。現在では世界的に知られた名犬を作出するまでになりました。

日本から世界中に輸出されているたくさんのパピヨンたちも良い成績をおさめています。

### ●日本でも人気者の仲間入り

パピヨンは25年ほど前までは一部マニアの間でしか知られていない犬でしたが、空前のペット・ブームによって人気はうなぎのぼり。知名度もアップし、人気者の仲間入りをはたしました。登録件数が増えると同時にショーでも大活躍。日本ではまだ歴史が浅いせいか、海外からの輸入犬が多くみられましたが、最近では日本でブリーディングされたパピヨンも大活躍しています。

Papillon

## パピヨンの歴史

### ●絵画にもいっぱい描かれている！

ルーベンス、ワトー、フラゴナール、ブルーシェなど16世紀以降の中世ヨーロッパで活躍した有名な画家たちは、しばしば上流階級の人たちの肖像画にパピヨンを描きました。貴婦人の膝の上に鎮座しているパピヨン、小さな子供に抱かれたパピヨン、主人に見守られながら宮廷の中を駆け回るパピヨン。その優美で魅惑的な姿は、現在のパピヨンそのものです。

当時この犬は鳥猟犬として活躍する一方で、その美しい外見から愛玩犬としても注目され、王侯貴族より寵愛を受ける犬でした。さらに人気が高まるにつれて、犬の値段は驚くほどに高騰。一大ビジネスに発展すると同時に、庶民には手が出ない高嶺の花的存在となっていきました。商人はパピヨンをラバの背に乗せ、フランス、イタリア、スペインなどヨーロッパの国々を移動しながら商売を展開させたと言います。

多くのパピヨンが絵画に登場する理由は、装飾的意味合いだけでなく、貴族階級の人たちにとっての富の象徴、ステータス・シンボルだったからです。

「シェーンブルン宮殿の女帝マリアテレジアとその家族」
マルティン・フォン・マイテンス 画
オーストリア国立美術史美術館蔵

## ●マリー・アントワネットが愛したパピヨン

肖像画は、王侯貴族の間で同盟や友好を結ぶ際、外交の儀礼としてよく交換されたと言います。ときにはパピヨンも一緒に献上されました。ルイ16世の王妃マリー・アントワネットがフランスへ嫁いだ際もパピヨンが贈られ、のちにこの犬たちはベルサイユ宮殿の人気者となります。宮廷の貴婦人たちは、この優美な犬に魅了され、伴侶である愛犬を競って美しく仕立て、自慢気に抱きかかえました。こうしてパピヨンの人気は頂点にのぼりつめたのです。

しかし、その栄光は長く続きませんでした。1789年、民衆の暴動をきっかけにフランス革命が起こり、王とマリー・アントワネットはギロチンにかけられて死刑となります。富の象徴と位置づけられていたパピヨンも貴族とともに数多く殺され、一時は絶滅の危機に瀕したと言われています。そんな中、どうにか生き延びることができた王族たちは、ともに逃げ出したわずかな数のパピヨンを懸命に守り、育てていったことにより、今日までパピヨンの血が守られてきたのです。

「ロココの薔薇 マリー・アントワネット」
ヴィジェ=ルブラン 画
ヴェルサイユ美術館蔵

(*left*) Prince Philip Prosper with pet Papillon, from the painting by Velazquez in the Kunsthistorischen Museums, Vienna ; (*right*) Portrait of a Boy, by Ludolph de Jonghe, in the Leonard Koetser (Duke Street) Gallery, London.

The Holy Family at Prajirata by Murillo, in the Museo del Prado, Madrid.

(*right*)
" Picaroon Happy Harry ", at three months just can't believe he shares a page with a cat . . .

*Photo by Davis*

(*below*)
Miss Pat Marsh-Staff, " Ringlands Charlotte " and the pet Persian are old friends.

*" Crawley & District Observer "*

Papillon

# これがパピヨンのスタイル

## ●『優雅で上品』な雰囲気が大事

ベルサイユ宮殿でフサフサとした飾り毛をなびかせ歩いていた高貴な印象、王族や貴族たちの伴侶犬としての気品あふれる姿をいまに伝える外見であることが、よいパピヨンの条件です。骨太で粗野な印象を与えるパピヨンは、ドッグ・ショーでは望ましくないとされます。サイズは20～28センチが標準。大きい犬より小ぶりの犬のほうが好まれています。

**■頭および頭蓋**……頭蓋は耳と耳の間で、やや丸みをおびており、口吻は頭部からすっと伸び、ストップは、きいている。鼻の先からストップまでは頭部全体の3分の1の長さが望ましい。鼻鏡は小さく丸く、上のほうがわずかに平らになっている。鼻は真っ黒。鼻鏡が肉色が斑点のある場合は不適格である。

注：アップルヘッドや平らな頭は望ましくない。丸く、厚く粗野な口吻は醜く、優美さを台無しにする。逆に細すぎるものも弱々しく見え、よくない。

### ■ＫＣ（英国ケネルクラブ）のスタンダード

- ● 頭：頭骨(2/3)やや丸みをおびているもの
- ● 鼻(1/3)頭部より明らかに細いもの
- ● 耳は丸みがあり頭部と鼻部の交叉する所に位置する
- ● 耳は蝶の羽根のようにでふさ毛の多いもの
- ● 胸の深さは中間位
- ● 豊かな胸の飾り毛
- ● 前肢はきれいにまっすぐ
- ● 足先は毛状に細く妖精の様に長く
- ● ヒザとモモはしっかりと角ばった輪郭をもっていること
- ● 腰はほどよい長さがあること
- ● 尾は羽毛の様で背腺よりアーチ状にせりだしていること
- ●（毛）尻は豊かであること

以上のように要約されている

### ■頭

マズル：スカル
1　：　2

マズルは頭部全体の1／3の長さが望ましい

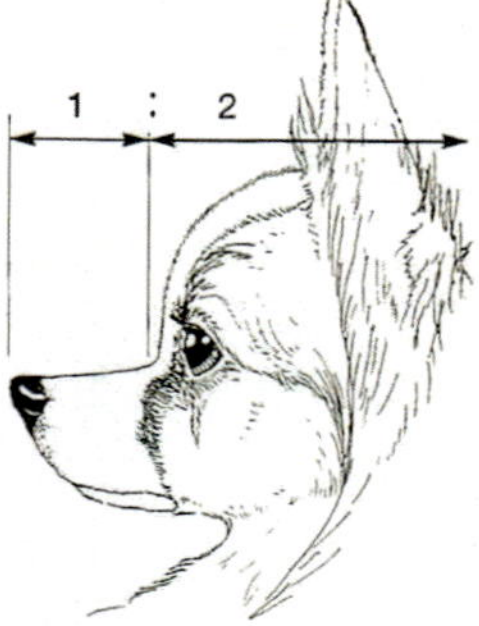

■耳……表情豊かで非常に大きく、動かしやすくて先の所が丸く、フリンジは多く、頭の後方から両耳ははなれ、頭の形がわずかに丸い、皮膚は美しくてしっかりしている。両耳を持ち上げた時には、頭に対し45度の角度にならねばならない。

注：頭の側面に付き、少し後ろめで先端は外側を向き、先端から頭の中心に耳の上の部分に沿ってひかれた線の延長は90度を成す。開いて立っているだけの強さは必要である。極端に厚い皮膚は下品な外見をもたらしかねない。ファレーヌの場合、耳が半分だけ立っていて先は垂れていることがよくあるが、これは不適格である。

■耳

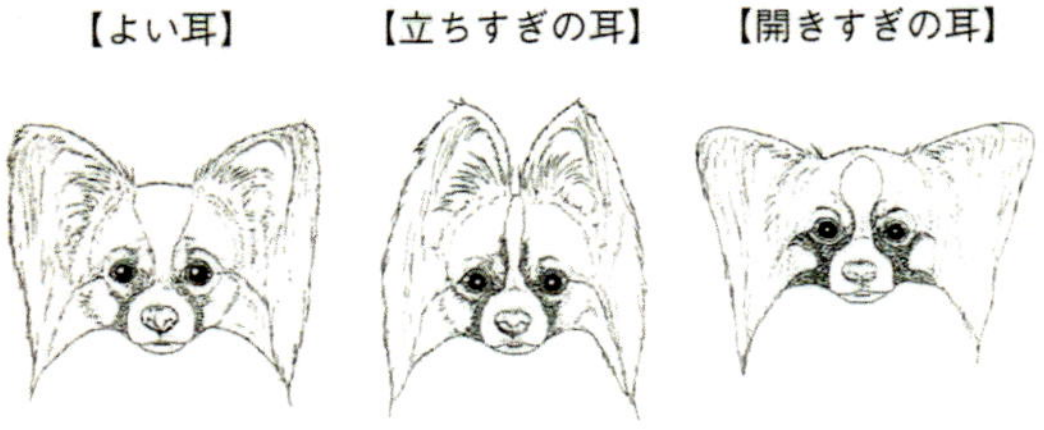


■目……中位の大きさでアーモンド型。丸みをおびているが、出っ張っているようではいけない。色は暗色で、アイラインも暗色。頭部よりわずかに低いところに位置する。

注：目の角は、ストップと同じ高さに位置することが望ましい。眼色は暗色で黒に近いことが望ましい。明るい目の色は好ましくない。

■口……顎はしっかりとして、歯は完全に揃っていること、そして完全な噛み合わせのシザーズ・バイト、つまり上の歯が下の歯にぴったりとかぶさっていて、上下の歯が整然と並んでいることをいう。唇は薄く、かたく暗色であること。

注：常に見えている状態の舌や、指で触っても引っ込まないものは、減点の対象になる。

■頸……中位の長さである。

注：短くつまった首は、全体のバランスを崩し、望ましくない。

■前躯……肩はよく発達していて傾斜がつく。胸はむしろ深く、前肢は真っ直ぐで、細くファインボーンで、肘は胸部についている。

注：肩の傾斜は、地面に対し45度位の角度がよく、その場合首も十分な長さで、傾斜が浅いと、首がつまり歩幅も狭く窮屈な歩様となる。胸の深さと、肢の長さの比率はほぼ同等である。

■ボディ……背線は適度に長くて水平で、肋骨はよく張り、腰は強く、ちょうどよい長さで、腹部はややアーチしている。

注：水平な背線が重要である。体高より体長が少し長いため胴と腰は十分な長さを持たねばならない。

■後躯……よく発達していて、膝はきれいに曲がっている。足は後方から見て平行であるべき。後肢の狼爪は取り除かねばならない。

注：肢は、外側にも内側にも向いてはならず、駆動力のためにも、よく曲がった膝が必要である。スタンスは広すぎても狭すぎてもいけない。

■足元……優美でウサギのようでかなり長い。足指の間の毛はふさふさとし、足指よりはみ出して伸びている。

注：正しい足先は細かくかなり長めで、華奢で尖っている。丸くコンパクトな猫足ではない。

■足元

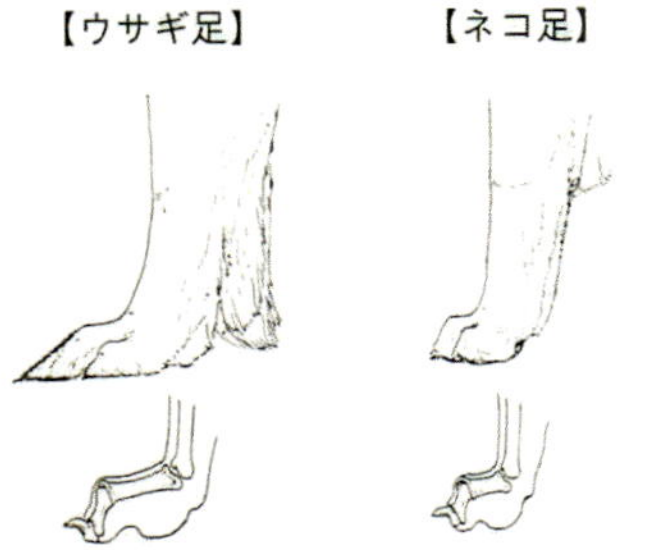

■尾……長く、飾り毛も多く、位置は高く、飾り毛は背にアーチ状をなし脇腹まで垂れ、プルーム（羽状毛）を形成する。

注：尾は平らで、背にあげてはバランスのよい輪郭を崩してしまう。リスの尾を考えてください。

■歩様・動作……歩様は明るく陽気で活発である。前後から見ると前後肢とも両肢の運びが平行で、内外側にはみ出さないこと。側望したとき歩様はしっかりして、ハックニー動作はいけない。

注：動きは軽く流れるようでなくてはいけない。ダブルトラッキングで歩様する犬種である。

■被毛……豊富で下毛なく長く細い絹様。背と横は平らで、胸にたっぷりとしたフ

■尾

ここにさまざまな尾の型がシルエット・イラストで描かれている。アーチ型、位置、長さなどが、テーブルの上でシンプルに評価される。犬が審査されている間の全過程で犬の動作も評価の対象となる。正常な尾は、犬が機敏に動いていない時はたれていてもよい。

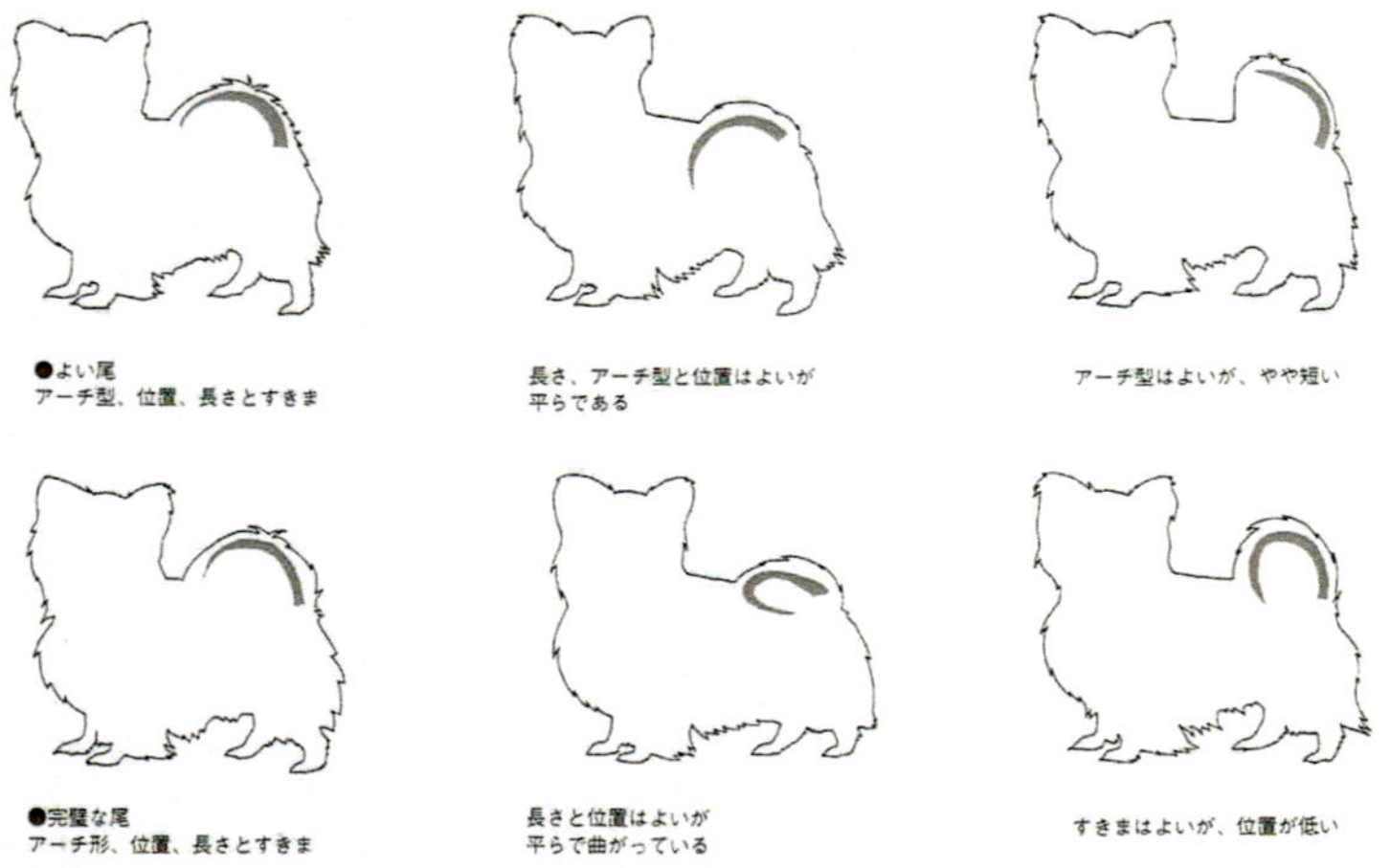


■頭

The Millennium Book of the Papillon より

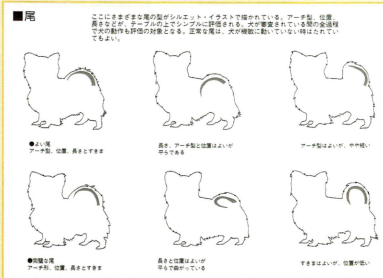

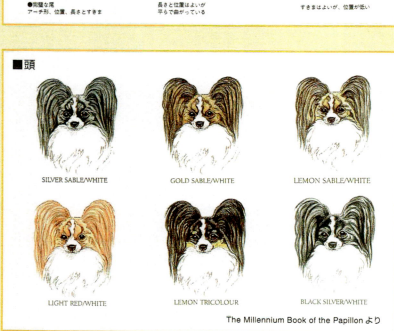

リルを作り、頭と口吻、肢前面は短い毛が密に生える。パスターンまでの前肢の後ろ側、尾と腿は長い毛で覆われていること。

注：やや胴長の輪郭を保つために、胸や長い毛で覆われている部分には十分な毛量が必要で、日常の管理は重要である。

**■色**……白で斑があり、赤褐色以外どんな色でも可。トライ・カラーは黒と白に目の上、耳の中、頬と尾の付根の下がタン（黄褐色）。頭の模様は、白く幅狭いはっきりとしたブレーズで均整がとれていることが望ましい。

注：頭のブレーズは大切であるが、幅などの規定はない、全くないか、ごく細いものでも成功を納めている。

**■サイズ**……体高8～11インチ（20㎝以上～28㎝以内）。首の周囲の毛と後方の飾り毛が適度に飾られた状態で、体高より体長の方がやや長めとなる。

注：いくつかの国においては、理想的なサイズは8～11インチ、アメリカでは12インチまではよいとされている。サイズに関しては種々の問題を提起しているが、大事なことは、全体のバランスがとれているということであり、美しさも許容の限界もそこに集約されると思われる。

欠陥：オスの場合睾丸は二つが正常な陰のうの中に下りていること。前述したそれぞれのポイントに合致しないものは欠陥とみなす。

*Photo Mari Nakajima*

Papillon Q&A

# Q 繊細そうに見えるけど、健康面は大丈夫？

## A 健康で長寿、手のかからない良い子です。

ご心配なく。パピヨンは小型犬種の中で1、2を争そうほど体が丈夫です。病気知らずと言っても過言ではありません。パピヨンの順応性の高さは生活環境やメンタルな面だけでなく、冬の寒さ、夏の暑さといった気温差にも適応力バッチリ。子犬の飼育にもそれほど手がかからず、適度な住空間を整え、散歩やグルーミングなど毎日の基本的なケアを欠かさなければ、あまり神経質になる必要はありません。パピヨンに長寿犬が多いのも丈夫な証拠です。

ただし、パピヨンはとても活発な性格なので、かりに狭い部屋であってもグルグルと駆け回ることがあります。とくに子犬のうちは、骨折や脱臼をしないように注意してあげましょう。

Papillon ⇨

# 第 2 章

# 子犬を迎える準備をしよう

Papillon Q&A

## Q なぜ、あなたはパピヨンを選んだの？

### A どんな目的で飼いたいのかを再確認

前章でも紹介した通り、パピヨンの魅力を挙げればきりがありません。「パピヨンを飼いたい目的は？」と聞かれれば、もちろん可愛いから家族の一員として受け入れたいというのがいちばんだと思います。それ以外にも個人的な理由がある場合は、その点をはっきりさせておくことが必要です。

たとえば、小さな子どもの遊び相手がほしい、老夫婦なのでコンパニオン・ドッグとして余生を一緒に過ごしたい、野外でスポーツを楽しめる犬がいい、ドッグ・ショーに出場させたい等々、愛犬と一緒に何を楽しみ、どんな生活を送るかによって子犬選びのポイントは変わってきます。

オスにするかメスにするかだけでなく、同じパピヨンでも性格はいろいろ。活発な子か、おとなしい子か、子犬の性格をよく観察して選びましょう。

Papillon

## オス？それともメス？

どちらがよいかは個人的な好みの問題です。性質を考えればメスのほうがおだやかで比較的イタズラも少なく、初心者向きといえるでしょう。一方で、オスのほうが情に厚く、盛りの時期もないのでよいという意見があります。また、多くの場合オスのほうがよい被毛をもち美しいことも事実です。ただし、足を上げてオシッコをさせないように適切なしつけが必要など、多少面倒なこともあります。

Papillon

## パピヨンをショーに出したいのなら！

ショーに出すつもりであれば、子犬を購入する際にはっきりと伝える必要があります。ショータイプの犬は、犬種のスタンダードにできるだけ近い形質であることが条件となります。通常は子犬が2～3カ月の時に引き取りますが、この時点で形質を見極めるのは困難なので、子犬が5～6カ月になるまで待ち、ショーに成功する素質があるかどうかを判断してから購入することをおすすめします。

Papillon Q&A

## Q 子犬にはどんな環境が理想？

### A いつでも家族が近くにいることがいちばん

愛犬は家族の一員であり、パートナーなので、死ぬまで責任をもって世話をしてほしいものです。そのことを念頭において、とくに初めて犬を飼う場合は、もう一度自分の住環境や生活スタイルが犬の飼育に適しているかどうかを確認しましょう。

大家族か小家族か、住居は庭付きの一戸建てか、マンションなどの集合住宅か。家には常に家族の誰かがいるのか、それとも留守がちなのか。比較的どんな生活環境にも適応できるパピヨンですが、一つだけ言えることは、人間との関わりの中で育っていく犬だということです。屋外飼育はもとより、誰もいない部屋でケージに閉じ込められて孤独に過ごす犬は実に不幸です。

必ず家族の一員として認め、キッチンやリビングにベッドを作るなどして、いつも家族の声が聞こえるような環境を与えてあげてください。

Papillon Q&A

## Q 犬にかかる費用はどれくらい？

### A 最低でも月5000円はみておこう

家族がひとり増えるのだから、それだけ必要経費がかかるのは当たり前。とくに初めて犬を飼う人は、予想以上の家計負担に「こんなはずじゃあなかった」なんて思わないよう、事前にどのくらいお

Papillon

## 家族みんなの気持ちが一致！

かりに家族の誰かが「犬を飼おう」と言い出したからといって、ひとりで面倒を見られるわけではありません。当然、家族みんなの同意が必要です。もしも反対者がいるようであれば、みんなの気持ちがひとつになるまでじっくりと話し合いましょう。意見が合い、「最後まで面倒を見る」ということになったら、今度は散歩、食事、ブラッシング、ベッドの掃除など前もって各々の役割を決めてください。普通は家にいることの多い人（たいていはお母さん）に負担がかかりがちですが、できるだけ家族みんなで協力して世話をすることが大事です。

金がかかるかを計算しておくことが大切です。

最初は子犬の購入代金に加え、予防接種などの医療費、いろいろな生活用品を揃えるための代金など、まとまったお金が必要となります。それ以降、継続してかかる費用は、ドッグフード代、トイレシーツやシャンプーといった消耗品費がおもなもので、最低でもひと月5000円ほど。そのほか病気による通院費、手入れをプロに任せるならトリマー代、犬と一緒に旅行に行ったりスポーツを楽しみたければそれに応じた娯楽費も。「突然の出費」を頭に置いておきましょう。

*Golden Leafs*

## 迎える前に飼育グッズを揃えよう

人間の赤ちゃんだって同じように、これから子犬を育てていくためにはいろいろなグッズが必要となります。とはいえ、ショップには数え切れないほどの商品がズラリ。絶対に揃えなければならないものは何か、パピヨンにはどんな材質、タイプのものが適しているのか。そんな疑問を抱えるのはとくに初めて飼う方に多いでしょう。

そこで、子犬を迎える前に最低限買い揃えておきたいものを以下に紹介します。

**＊リード**

リードとは引き綱のこと。子犬はワクチンの接種が済むまで外出を控えることが基本ですが、いきなり散歩デビューでリードをつけても、子犬は嫌がって上手に歩いてくれません。前もって家の中でリードに慣れさせることが必要となるため、食事をあたえる直前に首にリボンなどをむすぶなどの工夫をし、早めに購入して慣らしておきましょう。

大型犬用と小型犬用に分かれ、材質もおもに革製、ナイロン製のものがあります。パピヨンにはやわらかな革素材で、ある程度の太さのものがベスト。長さは首に巻いてみて指が2本入る程度の余裕があればよし。あまり広いものや細すぎるものは、首が締まるときの不快感がより強いため、子犬が後々まで嫌がる恐れがあります。また、首の周りの被毛や皮膚にダメージを与えてしまうこともあり、避けたほうが無難でしょう。

リードは機能も素材もいろいろ。手にしっくりと馴染み、丈夫で切れにくいという点では革製リードが適していますが、雨に弱いというデメリットもあります。家の中で慣らすときにはそのままズルズルと引きずらせておくので、軽いタイプがよいでしょう。

DOG&CAT JOKER 二子玉川店 AVENUE/CARE

**＊サークル**

サークルを置く場所はリビングなど家族のみんなが見えるところで子犬が出入りしやすいところを選びましょう。

サークルのサイズは、子犬がグルリと一周歩けるくらいの大きさのものを選んでください。トイレを早く覚えさせるために、ハウスの中は半分をベッド、半分をトイレに。

**＊トイレ**

トイレには、尿や臭いを吸収するペットシーツを使うのが一般的。プラスチック製トレーの上に敷き上から両サイドをおさえるタイプのものが便利です。バット（平皿）を代用してもよいでしょう。

また、犬がトイレ以外の場所でそそうをしてしまったときのことを考えて、消臭剤も用意しておきましょう。拭き取るだけで臭いを残しておくと、その場所で繰り返しおもらしをしてしまう恐れがあります。

**＊食器類**

フード用と水飲み用の2つを用意します。プラスチック製品にアレルギーを起こす犬もいるため、ステンレス製か陶器のものがベター。顔を突っ込んでも器がひっくり返らないよう、深さが適度で安定感のあるものを選んでください。

子犬のうちは水をいつでも飲めるようにハウスの中へ設置しておきますが、じゃれついて水をこぼしてしまうこともたびたび。そんなときには、ケージ（またはサークル）の柵に取り付けて、犬がなめれば水が出てくる給水器を利用するとよいでしょう。水の中にゴミや埃が入らないので衛生面でもすぐれています。

**＊キャリーバッグ**

外出時、犬を持ち運ぶのに使います。車で移動する際にも、キャリーバッグに入れておけば子犬も安心した状態で乗ることができます。サイズは、犬が横になった時に少し余裕のある程度がグッド。ハウスの中に入れてベッド代わりに使ってもよいでしょう。

**＊お手入れグッズ**

獣毛ブラシ、ピンブラシ、スリッカーブラシ、コームなどがあり、目的別に分かれています。犬種の毛質や長さに合ったものを選んでください。犬用シャンプーは多少値が張っても低刺激のものを選んで。つめ切り、耳掃除用の綿棒やローションもあると便利です。

**＊おもちゃ**

ボールやぬいぐるみ、音の出るもの、骨の形をしたガムなど、オモチャは遊ぶ目的だけでなく、ストレス解消にも役立ちます。犬のサイズや性格を考慮して、喜びそうなものを選んであげるとよいでしょう。

## 成長に合ったドッグフードを選びましょう

ドッグフードは、ドライ・モイスト・ウェット・冷凍の4タイプに分けられます。主に、ドライフードが中心ですが、最近はアレルギーと肥満の愛犬が多くなり、フードも天然素材のものやビタミンEやベーターカロチンを配合し、体を酸化から守り、免疫力を維持する工夫をするなど、愛犬の健康を考えた製品が出されるようになりました。また、冷凍フードは、冷蔵庫から出して割るだけですから、簡単で便利です。

パッケージもプルトップ缶やアルミ容器、レトルトパウチなど、時代のニーズに合った容器になっています。

Papillon Q&A

# Q 子犬が飼いたい！だったらどこで…

## A 多くの場合、ペットショップかブリーダーのいずれかを選ぶ

パピヨンは人気犬種なので、子犬を手に入れる方法もいろいろとありますが、いちばん手軽なのはショップであり、ウインドウ越しにひと目惚れして衝動買いというケースも少なくありません。でも、やはり一度迎え入れたら家族の一員として十数年を一緒に過ごしていくわけですから、子犬を選ぶ際はいろいろな子犬を見てからにしてください。

ひと口にショップといってもレベルはさまざま。近所の一軒だけで決めてしまわずに、何軒もまわって比較検討した上で、信頼の置けそうなところにしましょう。店内を見まわして管理面や衛生面をチェックするとともに、親犬のことや子犬の成長過程などを店員に詳しく訊ねてください。応対があいまいだったり、不親切だったり、面倒くさがるようなら見合わせたほうがよいでしょう。

もう一つは、パピヨン専門に繁殖しているブリーダーから譲り受ける方法です。パピヨンの知識が豊富なため、入手後もアドバイスがもらえるなどアフターケアの充実さがメリットです。専門誌にはブリーダーの情報や広告が載っていますが、電話一本で決めてしまわずに、直接出向いて話を聞き、繁殖環境をきちんと確かめ、実際に自分の目で子犬を見てから決めましょう。

Papillon

### ほかにもある、入手方法

愛犬雑誌やインターネットのホームページをこまめにチェックして入手する方法もあります。知人から譲ってもらった場合には、病院で健康診断をし、ワクチンを受けていない場合は、必ずワクチン接種・マイクロチップを受けてください。

Papillon Q&A

## Q 子犬は何日で引き取ったら大丈夫?

### A 生後60日くらいまでは母犬と一緒の生活を

子犬は生後60日くらいを過ぎてから引き取るのが理想です。生まれたての子犬を母犬から離して人間の手で育てることは容易ではありません。母親の乳に含まれる抗体を受け取っていないため、免疫力がなく病弱に育つ恐れがあり、衛生状態にもいっそう気をつかわなければなりません。しかも、生後60日くらいまでは母犬や兄弟たちに囲まれて、競い合ったり、じゃれ合ったりしながら犬社会のルールを学び、特有の性格を形成していく時期。生まれてすぐに母犬と離すことは精神的にも大きな負担を与え、社会性を身につけるきっかけを奪ってしまうことにもなります。

Papillon Q&A

## Q 子犬を選ぶときのポイントは?

### A なによりも健康状態のよさがいちばん

健康状態は見たり触れたりすることによっておおよそ判断できます。全体的に肉付きがよくコロコロしていて、抱いてみると見た目以上の重量感、弾力があることもポイントです。

体の各部は左記を参考にして点検してください。できれば食欲の具合や便の状態もチェックを。

**【各部のチェックポイント】**

*目…目ヤニ、涙目、充血の有無、白目と黒目はハッキリしているかなどをチェック。瞳が澄んでいてイキイキと輝いている子犬は心身が健康である証拠。

*鼻…鼻の頭を触ってみて、乾燥していれば体調が悪く疲労しています。鼻水が出ているかどうかもチェック。

*口…健康な犬はきれいなピンク色の歯ぐきをしています。歯並びはよいか、口臭はないかも確認を。

*耳…ベタベタと湿っていないか、耳アカや臭いはないか。触ってみて他の犬より温かければ、発熱している恐れがあります。

*被毛…毛ツヤはあるか、ハゲた部分はないか。毛をかき分けてノミやダニが付着していないか、皮膚に湿疹がないかも確認。犬がしきりに体をかいているときには問題ありです。

*四肢…骨格がしっかりしていて、歩く姿に不自然さはないか。

*肛門…便で汚れていないか、赤くただれていないか。

Papillon Q&A

## Q 性格を見極めるポイントを教えて

### A じゃれ合っている様子を観察しよう

Papillon Q&A

## Q「譲り受ける」ときに確認しておきたいことは？

パピヨンの犬種としての性格や気質はある程度わかっていても、暴れん坊の子、おとなしい子、人なつっこい子、恥ずかしがりやの子など一頭一頭の個性はさまざま。たとえば、兄弟同士でじゃれ合っている様子を観察してみましょう。弾むように飛びまわっていれば、協調性や社会性のある心身ともに健康な犬といえます。

次ぎに呼びかけたときの反応の早さをみます。好奇心いっぱいにしっぽを振りながら駈け寄ってくる子は、家庭犬向きといえるでしょう。そして目の表情もチェック。犬と飼い主との意思の疎通は、おもに目で図られます。ジーっと見返す犬は従属性が高く、目の気迫は性格の強さを示しています。

とにかく、十数年を一緒に過ごすパートナーとなるわけですから、ある程度性格を見極めた上で判断しましょう。

## A 食事の内容、予防接種など、いろいろ

子犬を購入すると決めたなら、ショップやブリーダーに確認すべき点がいくつもあります。おもなものは以下の項目となりますが、その他にもパピヨンの知識をもっと仕入れる意味で、思いつくことは何でも聞いておきましょう。信頼のおけるショップやブリーダーであれば、喜んで答えてくれるはず。飼い始める前に、どんな疑問でも解消しておくことはとても大事です。

ブリーダーから購入する場合、犬を飼った経験はあるか、なぜ犬を飼いたいのか、どんな環境で育てるつもりかなど、逆にあなたのほうがいろいろと質問を受けるかもしれません。なぜなら、責任あるブリーダーはよきもらい手（オーナー）であると確信するまで、子犬を手放したがらないからです。そのときになって答えに困らないように、自分の考えや気持ちを固めておきましょう。

**＊これまでの食事内容の確認**

1日の食事のリストをもらっておきましょう。新しい環境に慣れるまではこれまでと同じ内容の食事を与えるようにします。ドッグフードであれば、どの種類や銘柄か、どんな与え方をしてきたかを聞いておきましょう。

**＊伝染病予防接種、寄生虫駆除は済んでいる?!**

子犬は生後90日頃に2度めの伝染病予防接種を受ける必要があるため、月齢によっては親元で済ませていることも考えられます。その場合は注射済みの証明書をもらいましょう。また、生後すぐの健康診断で体内寄生虫が見つかった場合、きちんと駆除されているかどうかも確認します。

**＊血統書はいつ手元に**

その日に受け取るケースもありますが、一般的にはわが家に子犬を迎えて

### Papillon キャンベル・テスト

①子犬をあお向けにさせてお腹を軽く手のひらで抑え、30秒ほどジッとさせる。
②子犬を床から10センチほどの高さまで持ち上げ、30秒ほどジッとさせる。
③子犬の近くに、おもちゃなどの音が出るものを落とす。
④子犬の背中の皮を軽く引っぱり上げてみる。

何事にも動じず、おとなしく我慢できる子は社会性、従属性に優れています。一方で、バタバタと暴れて逃げようとしたり、手や腕にかみついてくるような子は、攻撃性が強く臆病といえるでしょう。生後90日くらいまでの子犬に有効です。ただし、試してみるにはショップやブリーダーから子犬をさわってもいいか確認してからにしてください。

1～3ヵ月で届くことになります。血統書を受け取ったら、裏面の譲渡者の所に前オーナーの署名、捺印があるかどうか確認しましょう。

**＊できれば親犬も見て**

犬の性格には遺伝的要素が強いので、ブリーダーから入手するのであれば、親犬に会わせてもらいましょう。落ち着きがなく、吠えてばかりいる親犬であれば、子犬も成犬になってからそのような性格になる可能性もあります。性格面だけでなく、容姿や毛並み、遺伝的な病気のことなども確認します。

**＊近所の動物病院を紹介してもらいましょう**

子犬の場合、予防接種や健康診断が控えているうえ、突然具合が悪くなることもあり得るので、なるべく早めに主治医を見つけておきたいものです。近所によい動物病院があればそこを紹介してもらいましょう。その他、電話帳やインターネットなどで調べ、近所で犬を飼っている人に評判を聞くなどして情報収集に努めてください。

## よい動物病院の見分け方

最近では動物病院の数も増え、都市部であれば病院探しにてこずることは少なくなりました。ただし、身近にある病院が本当に信頼のおける経営をしているかどうかは、外観だけでは判断できません。まともな治療もせず法外な料金を請求する悪徳獣医師がいることも事実です。

では、なにを基準に病院選びをすればよいのかというと、いちばん確実なのは愛犬家による口コミ情報です。犬の集まりそうな近所の公園などに出向き、飼い主の人たちから病院の評判を聞いたり、アドバイスをもらいましょう。

次ぎは直接病院に足を運び、院内は衛生的で適温が保たれているか、動物の鳴き声がうるさくないか、獣医師やスタッフの犬に対する扱いは丁寧か、病状や治療法について十分な説明があるか、飼育上の相談にも乗ってくれるか、会計は明朗かなど、あなた自身の目と耳で判断してください。

主治医がいれば、カルテを通じて愛犬の確かなデータが継続的に残るため、いざという時に迅速で的確な判断や治療が期待できます。医師と飼い主の信頼関係も治療をスムーズに進めることにつながります。早いうちから信頼できる獣医さんを探すことをおすすめします。

# 血統書を見て、愛犬がどんな血統なのかを知っておこう

正式名称「国際公認血統証明書」は、いわば犬の戸籍のようなもの。犬名のところに記されているのは、繁殖者がつけたあなたの愛犬の血統書上での名前であり、呼び名とは別のものです。犬名の後に続くのが屋号（犬舎名）、犬の名字にあたります。繁殖者が登録している犬舎名となります。その下は登録番号、性別、毛色と続きます。そして用紙の下部には一代祖から三代祖までの血統が記載されています。犬名の頭にCHの記号が付いていれば、その犬はチャンピオンです。

その他、用紙には登録日や生年月日、出生頭数などが記載されています。とくに初心者の方はそうなのですが、血統書が届いただけで満足してしまい、内容を確認することを怠りがちです。一つひとつにしっかりと目を通し、愛犬がどんな血統なのかを知っておいてください。

# 第 3 章

# 子犬がわが家に
# やってくる

Papillon Q&A

# Q ハウスの場所は大丈夫？

## A ハウスは寂しくなく、落ちつける場所に

今日は待ちに待った子犬を迎えに行く日。わが家のアイドルとの生活がいよいよスタートします。出かける前に、受け入れ準備がきちんと整っているかどうか、もう一度確認しましょう。

まずはハウスとベッドの設置。サークルまたはケージで『子犬の居場所』を作りますが、設置場所は寂しくなく落ち着ける場所で、家族が集まりやすいリビングの隅などが適しているでしょう。廊下やドア付近は人通りが激しく落ち着かない上、風が吹き込みやすいので体調を崩す恐れがあります。誰もいない個室も避けてください。

通常、ハウスの中にベッド（寝どこ）を置きますが、寝具類は暖かく寝心地のよいもので、汚れが落ちやすい素材のものを選びましょう。清潔を保つためにも替えを何組か用意しておきます。

Papillon Q&A

# Q 車に乗せるときに気をつけることは？

## A 怖がらせないように膝に抱えて乗せる

キャリーバッグに入れる場合、そのまま座席に置いてしまうと車の揺れが直接伝わり、怖がって暴れることがあります。運転手以外の人の膝に抱えるように乗せてください。車酔いや排泄によって汚さないよう、また振動を吸収する意味もあって、膝には毛布を敷いておきます。キャリーバッグに入れず、直接子犬を膝に

抱えてもかまいません。ティッシュや新聞紙、水分補給のための飲み水も忘れずに。

Papillon Q&A

## Q 電車で移動するときに注意することは？

## A キャンキャン鳴いても外には出さない

キャリーバッグに子犬を入れ、手回り品扱いとして改札口やみどりの窓口などでキップを買って乗車します。車内での排泄に備えて、中にはペット・シーツを重ねて敷いておきましょう。キャリーバッグは膝の上に置いてしっかりと抱えます。途中で怖がって吠えても、「かわいそう」などと思って決して外には出さないように。「ヨシ、ヨシ」と安心させるように声をかけながら、振動を和らげるようにしっかりと抱きかかえてあげましょう。

Papillon

### 暑さ・寒さの対策

**＊冬期の室温調整は**

暑さよりも寒さのほうが子犬にとってはつらいもの。とくに真冬には、就寝後に室内が冷えきってしまうことに対して配慮しなければなりません。ベッドにはペット用ヒーターを用意し、日中はスイッチを切り、夜はスイッチを入れるなどして、常に一定の温度が保てるようにしましょう。

**＊夏期の室温調整は**

夏場は多くの家庭でクーラーを使いますが、室内が冷えすぎてカゼを引かせてしまうことがよくあります。こじらせると肺炎になるなど、冬場のカゼよりも深刻な症状を引き起こすので注意が必要です。子犬には直接冷風があたらないようにし、涼しいと感じたなら、窓を開けたり、場合によったらクーラーのスイッチを切るなどのこまめな温度調節を心がけましょう。冷たい空気は床上30センチくらいに溜まりやすいので、扇風機の風を壁にあてて空気を循環させることも、室内を均一に冷やすためには効果的です。

Papillon Q&A

## Q 環境に早く慣れさせるために？

### A ストレスを与えず、疲れさせないこと

慣れないところに来たばかりの子犬は、たいてい戸惑っています。すぐに跳びはねて遊びはじめる子もいれば、怯えて体を振るわせる子もいます。いずれにしても、親兄弟と離れた寂しさや急激な環境の変化によって、子犬が大きなストレスを受けることは間違いありません。ですから、少なくとも一週間ぐらいは子犬のストレスをなるべく軽減させるような世話をしましょう。

とにかく、到着してすぐはハウスの中で子犬を自由にさせて、ゆっくりと休ませることが大事です。かわいいからといって撫でたり抱き上げたりしすぎないように。少しずつ慣れてきたら、部屋を歩かせ、新しい音や臭いを体験させてあげましょう。

また、かわいい愛犬のことを家族以外の人に自慢したい気持ちもわかります。ですが、まだ環境に慣れていないうちに友人や近所の人をたくさん連れてくるのはいただけません。他の人に会わせるのは、子犬が家族や周りの雰囲気に十分馴染むまで待ちましょう。

**＊元の臭いのついたもので安心**

犬は状況を鼻でかぎ分け、確かめる習性があります。できればショップやブリーダーから元住んでいた場所の臭

## Papillon なるべく日が高いうちに到着する

時間に余裕をもち、できれば午前中に出かけましょう。子犬は突然親元から離されたことに動揺し、心細くなっています。そんな気持ちを少しでも和らげられるよう、明るいうちに新しい環境へ慣れさせてあげましょう。また、自宅に着いてからバタバタと慌しい状況をつくらないことも大切です。

*Photo Mari Nakajima*

子犬が親兄弟と一緒にいたときの臭いがついた毛布やオモチャを譲ってもらいましょう。親兄弟や自分の臭いがついたものがあれば環境への順応性は高まり、心の支えにもなります。また、子犬のオシッコのついた新聞紙やシートも持ち帰り、トイレに敷いておくこともトイレを早く覚えさせるコツです。

**＊子供たちにも協力してもらおう**

連れてこられた子犬の状況を知らない子供たちは、わが家にやってきた子犬に興奮し、騒いだり、いきなり強く抱きしめたりすることは目に見えています。小さな子どものいる家庭は、前もって「しばらくは騒いだりかまいすぎたりしないように」と言い聞かせておかなければなりません。子犬が親兄弟から引き離されてどんなに寂しい思いをしているか、新しい環境に不安を感じているかなどをきちんと説明し、協力をうながしましょう。

**＊寝ているときは絶対に起こさない**

子犬の生活リズムは、一日中寝ているといっても言い過ぎではありません。遊びたいからといって、寝ている子犬を無理やり起こすことは避けてください（とくに子どもに注意すること）。睡眠不足は体力を消耗させるいちばんの原因になり、心にも大きなダメージを与えてしまいます。あまり神経質になる必要はありませんが、子犬が寝ているときに必要以上に大きな物音を立てることも避けるようにしてください。

**＊夜鳴きしたら**

来てすぐの頃は、家族が寝静まってから子犬が鳴き始めることがあります。かわいそうだからといって抱き上げたり外へ連れ出したりすると、鳴けばかまってもらえることを覚えていっそう夜鳴きがひどくなります。ましてや飼い主がベッドに入れて一緒に寝てあげたりすると、ハウスで寝なくなるばかりか、人間と対等だと思い込んでしつけの際に苦労することになります。

「ヨシ、ヨシ」「大丈夫」などと声をかける程度にして、あとは鳴き止むまで心を鬼にして放っておきましょう。時計を近くに置いてあげると、規則的に刻まれるリズムを聞くことで気がまぎれる場合があります。

**＊他の犬と仲良くさせる**

パピヨンは比較的協調性に優れているため、多頭飼いには適した犬種といえます。

ただし、新しく来た子犬を家族みんなで可愛がると、先住犬が嫉妬心から威嚇したり、攻撃したりしかねません。環境に慣れないうちからそのようなことが起これば、子犬に大きなダメージを与えてしまいます。トラブルを未然に防ぐためにも、まずは先住犬のしつけをしっかりと行うこと。そして、子犬を紹介するときには、いきなり跳びかかってこられないように必ず抱きながら行います。すべての犬を平等に扱うことは大事ですが、よりいっそう先住犬をかわいがることも嫉妬させない一つの方法といえるでしょう。

**＊近所には了解を得ておく**

一戸建ての家でもそうですが、とくに集合住宅で犬を飼う場合、上・下・両隣りの住人には前もって犬を飼うことの了解を得ておきましょう。子犬が環境に慣れるまでの数日間は夜鳴きをすることもありますし、トイレが身につくまではカーペットにおもらしをして臭いがするかもしれません。そのことに対して飼い主が神経質になり、ストレスを感じてイライラすることは、犬にとってもよい環境とはいえません。

Papillon Q&A

## Q スキンシップのしかたを教えて

**A 子犬の触れ方、抱き方のテクニック**

家に迎えてすぐの頃は、とにかくかま

Golden Leafs

いすぎないことを心がけなければなりません。なかには非常に好奇心旺盛で、その日のうちからウロウロと家の中を探索し始める子もいるでしょう。また、不安からか飼い主の後を影のように付いてまわるかもしれません。いずれにしても、飼い主はあまり神経質にならず、そっと見守る気持ちで自由に行動させてあげましょう。

起きているときは、軽く触れる、抱き上げる程度のスキンシップはしてもかまいません。ただし、いきなり背後から触ったりすると子犬を驚かせてしまいます。まずは目線を低く保ち、優しく名前を呼びかけましょう。そして、手のひらを差し出して『触るよ』と合図をしてから、あご や胸あたりをそっとなでてあげます。

また、子犬は体格ができ上がっていないので、胴体をつかんで持ち上げたりすると、骨に異常をきたしたり筋を痛めたりする恐れがあります。抱き上げるときのテクニックは、片手で子犬の前足の下を支えながら、片手はおしりの下に当て、体重を受けてすくい上げるように抱き上げること。移動するときには、自分の肘のくぼみにちょこんと子犬を乗せるようなかたちで抱きかかえましょう。

Papillon Q&A

## Q もしハウスに入りたがらなかったら？

### A 臭いのついたもので慣れさせよう

ハウスがいちばん落ち着ける場所だということを子犬にわかってもらうことがいちばんです。そのためには、元のオーナーから譲り受けた毛布やオモチャなど、親兄弟や自分の臭いの付いたものを中に入れてあげるのがよいでしょう。また、子犬がもっとも楽しみにしていること、たとえば食事や遊びをしばらくの間はハウス内でさせるのも一つの手です。この中にいればよいことがあると思わせるためです。

飼い主の中には、来たばかりの子犬をサークルやケージへ入れることに対し、「檻みたいでかわいそう」と感じる人もいるようですが、それは人間の勝手な見方です。犬は外の世界から仕切られた自分のスペースをもつことによって、危険なものから守られているという安心感が得られるのです。最初は怯えて嫌がったとしても、慣れれば必ず自分の居場所を喜ぶようになります。

Papillon Q&A

## Q はじめての食事はどんな内容？

### A しばらくは食べ慣れたものを

環境の変化でストレスを受けている上、慣れない食事を与えられればお腹をこわしかねません。必要以上にストレスを与えないためにも、譲り受けた先のショップやブリーダーからこれまで食べていた内容（フードの銘柄、量、回数、食事時間など）を詳しく聞き、しばらくの間は同じメニューを用意します。子犬が環境に慣れて活発に動くようになれば、食事の内容を変えてもかまいません。ただし、一度に変えるのではなく、従来のものに新しいフードを混ぜながら、少しずつに変えていってください。このとき消化に問題がないか便の状態も必ずチェックしましょう。

新鮮な水を与えることも大事ですが、容器に入れたまま放置しておくと飲みすぎて下痢をすることがあります。容器から飲む水は口のうがいの役割もします。さらに、こぼして体を濡らし風邪を引かせる恐れもあるので、その点、犬が舐めれば水が出てくる給水器は、衛生的で水をこぼす心配もなく両方をうまく使いわけると便利です。

## 狂犬病予防接種も忘れずに

狂犬病予防接種も畜犬登録と同様、飼い主の義務であり、生後90日を過ぎた子犬すべてが受けなければなりません。狂犬病は人間に感染し、死亡率が非常に高い病気です。昭和32年以降、日本での発病は報告されていませんが、海外ではいまだ死亡例も多いため油断はできません。以降、狂犬病予防接種は年1回ずつ行っていきます。日程等は地元の動物病院や保健所に問い合わせを。

## 早めに登録を済ませよう

生後90日を過ぎた子犬は、各市町村の役所や保健所で畜犬登録をします。これは行政が定めている飼い主への義務であり、子犬を迎えてから**マイクロチップをしているかを確認しなければなりません。**できるだけ早めの登録をおすすめします。手続きが済むと登録番号が刻まれた鑑札（金属製）をもらいます。首輪につけておくと、万一、犬が迷子になって保護されても、登録番号から飼い主がわかるようになっています。

# 第4章

# 環境に慣れてからの生活（運動・食事・健康管理）

Papillon Q&A

## Q 環境に早く順応させるコツは？

### A いろいろな生活音を聞かせて

生後2～3ヵ月の頃は、子犬の社会性を発達させるのにとても重要な時期です。この時期にあらゆる種類の音やモノを経験させておきましょう。掃除機や洗濯機、ドライヤーなど、家の中のさまざまな音に慣れるようにしてあげましょう。人の出入りが多いキッチンにサークルを置き、その中で遊ばせるのも手です。

また、子犬が外の世界を知る前に、車のクラクションや雑踏をテープに録音して聞かせておけば、いざ外へ出たときに戸惑ったり怖がったりすることなく順応しやすいともいえます。

Papillon Q&A

## Q 室内飼育で注意すべき点は？

### A ものを荒らさせないような気配りを

新しい環境に慣れてくると、次第に子犬の活動範囲は広くなっていきます。元来、パピヨンは好奇心旺盛で活発な性格。一日中これでもかというほど遊びに費やし、あちらこちらと走り回ります。寝ているとき以外、ジーっと過ごすことなどまれでしょう。

ましてや子犬はイタズラ好き。興味のあるものは臭いを臭いだり引っ張ったりかじったり、荒らし放題です。子犬がやってもいいことと悪いことの区別がつくまでは、子犬の安全のためにも、常に部屋の整理整頓を心がけてください。かまれて困るものは子犬の目に入らないようにする、立ち入らせない場所はガードするなどの配慮が必要です。

## Q 環境に早く順応させるコツは？

### A 触れ合ったり、オモチャで遊んだり

一緒に暮らしていく上で大切なのは、体の隅々まで触っても犬が怒らないように育てることです。これは飼い主がリーダーシップをとるためにも非常に重要です。普段の遊びの中で、楽しい雰囲気をつくりながら子犬を仰向けにし、お腹や四肢を触ったり、フセをしたところに覆いかぶさってみましょう。決して強引にせず、あくまでも自然体で行います。

オモチャでは、とくに音のなるもの、靴や骨の形をした皮製（またはゴム製）のものに強く惹かれるようです。飼い主との引っ張り合いも大好きで、綱引きになるように3ヶ所くらい結び目を入れた古い綿の靴下を用意すると、飽きずに引っ張ります。子犬が自由に出入りできるような箱も喜びます。ただし、どのオモチャも子犬が呑み込んでしまうことのないように。とくにぬいぐるみの目（ボタン）は注意しましょう。

Papillon

### 目を離すとこんな危険が

パピヨンの子犬は、スピード感あふれる状況を好みます。ご飯とわかればキッチンへ滑り込み、チャイムが鳴れば竜巻のように廊下を駆けぬけて玄関へ。とにかく疲れ果てて眠る寸前まで、グルグルと動き回っています。ベッドやタンスの上からジャンプ！なんてことも平気でやってのけます。

動きが敏捷な分、ちょっと目を離したすきの骨折や股関節の脱臼など、事故が多いことも事実。トラブルを未然に防ぐためにも、自由に遊ばせるのは目の届く範囲にすること。それ以外はサークル内で遊ばせます。また、フローリングの床は滑りやすく事故の元なので、子犬が行動する範囲にはカーペットを敷くなどの対処をしてください。

## 犬にはこんな物が天敵です

トラブルで多いのは、電気コードをかむことでの感電、薬品や洗剤類を誤飲することでの中毒、放置されたビニール袋を頭からかぶっての窒息などです。また、テーブルなどに菓子類を出しっぱなしにしておくと、知らない間に犬が食べてしまうことがあります。とくにチョコレートには犬の消化器官を荒らす成分が含まれているので注意しましょう。ティッシュやゴミ箱、スリッパなどイタズラされては困るものは高い場所におく、隠す、収納するといった対処を。とにかく、犬が自由に行動する部屋の中では、出したらすぐに片づけることを習慣づけましょう。

*Golden Leafs*

Papillon Q&A

## Q いつごろから外へ出してもいい？

### A 2回目ワクチン接種の10～14日後

子犬は通常2回ワクチンを受けます。最後のワクチンから10～14日ほど経っていなければ、公園や街中、他の犬が居る場所（あるいは居た形跡がある場所）に連れていくことは避けなければなりません。ただし、自宅の庭であれば、天気のよい日にサークルあるいはケージごと出してあげてもよいでしょう。ただし、少しでも子犬が疲れてきた様子が見えたなら、すぐに家の中へ入れます。

集合住宅ではベランダで遊ばせる人もいるようですが、柵の間からすり抜けたり、あるいは柵を飛び越えて子犬が転落する事故が少なくありません。パピヨンのジャンプ力は想像以上であることを念頭におき、必ず監督下で遊ばせ、目を離さないように注意してください。

Papillon Q&A

## Q 首輪やリードに慣れさせる方法を教えて

### A まずはリボンを首にかけることから始めよう

いきなり首輪やリードをつけても、嫌がって首を振ったりかみついたり、上手に歩いてくれないでしょう。まずは家の中で、子犬の首に柔らかい素材のリボンをかけて様子をみましょう。違和感が消え、嫌がる素振りが見えなくなったら、首輪やリードをつけてみます。最初はそのまま引きずらせておきますが、その後、慣れてきた頃を見計らってリードを持ってみます。体勢を低くして優しく声をかけながら、子犬が安心できる雰囲気づくりをするのが早く慣れさせるコツ。この練習を1日何回か根気よく繰り返してから、初めてのお散歩に臨みましょう。

Papillon Q&A

## Q どのくらいの運動量が適当？

## A 生後6～7ヵ月までは10分程度で充分

散歩を始めたばかりの頃は、運動としての体力づくりよりも、知らない世界に順応させるための、社会経験の意味合いのほうが強いものです。子犬にとっては出会う物事すべてが初めての体験。通りすがりる人や動物、街の喧騒、アスファルトや砂利道、芝生の感触など、できるだけ多くの体験をさせましょう。

運動量については、まだ骨格が不十分なうちは子犬の体に負担をかけないよう度を越さないこと、バテさせないことが大切です。生後6～7ヵ月くらいまでは、家の周りを10分ほどグルリと歩くだけで十分。とはいえ、活発で遊び好きのパピヨンのこと。リードを付けて外へ出れば喜び勇んで駆け出していき、決められたコースを回っても家に帰りたがらないかもしれません。だからといって、子犬の意思に任せて運動をさせすぎないように。また、段差や階段からのジャンプによる骨折にも注意してください。

Golden Leafs

### 初めての散歩にトライ！

予防接種が済んで免疫の抗体ができる頃になり、主治医の許可が出れば、待ちに待った散歩に出かけます。周囲の環境やその犬の性格によって反応はまちまちでしょうが、とにかく初めての散歩では子犬に歩く楽しさを知ってもらうことが第一です。最初から正しくまっすぐに歩かせようと、無理にリードを引っぱることは避けてください。怖がって尻込みするようであれば、抱きながら外に連れ出し、除々に環境に慣らしていくのもよいでしょう。雰囲気に慣れてきたら、地面に下ろしてオモチャなどで遊んであげます。いずれにしても、周囲に危険なものがないかどうか目を配りながら、なるべく子犬の望む通りに行動させてあげましょう。

Papillon Q&A

## Q 散歩に適した時間帯は？

### A 季節に応じて変えてみましょう

毎日きっちりと同じ時間に散歩をする必要はありません。とくに季節や気温、天気によって時間帯は変わってくるでしょう。たとえば日差しが強い夏場には、日射病や熱射病を避ける意味でも、アスファルトの放射熱が冷めている夜または早朝の時間帯、午後6時以降または午前6～7時くらいまでが適しています。逆に、気温の低い冬場には、日が高い時間帯、午前10時から午後3時ぐらいまでに日光浴を兼ねて外へ出すとよいでしょう。

Papillon Q&A

## Q 散歩のときの注意点は？

### A 地面をクンクンと嗅ぎまわらせない

犬は、地面をクンクンと嗅ぎながら歩く習性があります。とくにオス犬は、電柱などにオシッコを引っかけてテリトリーを主張（マーキング）し合うため、その行為を確認するために熱心に嗅ぎまわ

*Golden Leafs*

るようです。地面にばかり注意を向けて歩いていると、他の犬の排泄物に接して伝染病をうつされる恐れがある上、拾い食いの癖がつくこともあります。なるべく上を向かせて、まっすぐ歩かせるようにリードでコントロールしながらトレーニングしていきましょう。ノミやダニが付きそうな草むらへも、入らせないようにします。

## ぐっすり寝るかどうかが運動量の目安

パピヨンは、とてもメリハリのある生活をします。ハデに動きまわっていたかと思うと、疲れきって音も立てずに寝てしまう。なんてことはしょっちゅうあります。ですから、散歩の後、運動が充分に足りているならぐっすりと寝るはずです。運動量が足りていないこともあり得るので、少しずつ散歩の距離を延ばして運動量を満たしてあげましょう。部屋の中でボールやオモチャを使って遊ばせ、体力を使わせるのも手です。

*Golden Leafs*

Papillon Q&A

## Q 子犬にとって理想的な食事とは？

## A 吸収しやすく栄養価の高い食事がベスト

著しい成長をみせる子犬の時期には、心身ともに健康に育つよう入念な配慮が必要です。生後4～5ヶ月までは消化吸収しやすく栄養価の高い食事を1日3～4回に分けて与えます。食事内容は“総合栄養食”と表示のある幼犬用フードが最適。ドライタイプのものは食べやすいようにぬるま湯か人肌に温めた犬用ミルクでふやかして与えます。

手塩にかけて育てたいという気持ちから、自分で調理した食事を与える人もいるでしょう。かりに犬に必要な栄養素は人間と同じであっても、必要量はだいぶ異なることから、完璧なバランスの食事を作ることは難しいもの。とくに子犬のうちは高カロリー・高タンパクの食事を与えながらも脂肪分を控えなければなりません。さらに犬に与えてはいけない食材もたくさんあるので、ホームメイドの食事にはよほどの注意が必要です。

フードだけでは味に飽きるようなら、ゆでた鶏肉や牛肉を少量混ぜてあげてもかまいません。必要であれば、カルシウムやビタミンなどの栄養補助食品を混ぜてバランスを整えてもよいでしょう。

また、犬の食事に水は欠かせないもの。食事時に限らず、新鮮な水がいつでも飲めるように食器に満たしておきたいのですが、子犬のうちは遊んで水をひっくり返したり、飲みすぎて下痢をしたりする

Papillon

## 散歩の後のケアを忘れずに

散歩から帰ってきたら、足の裏に泥やタールが付いていないか、肉球に小石がはさまっていないか、被毛に草木の種子が付いていないかなど細かく見てください。ダニやノミも被毛を掻き分けてダニやノミのチェックも行います。このときに目、耳、歯、皮膚などの各部位も点検しましょう。とくに嫌な臭いがしないかどうか、各部位に自分の鼻を近づけてしっかりとチェックを。散歩の後のケアを習慣化すれば、うっかり疾患を見過ごすこともなくなるはずです。

こともあります。１日数回に分けて与えてもよいでしょう。

Papillon Q&A

## Q 食事の分量の目安は？

**A 子犬の食べ方や便の状態を見て調整して**

基本的にはパッケージに記された基準に従いますが、消費カロリーには個体差があるもの。子犬の食べ方を観察し、ガツガツしながらアッという間に平らげ、まだ欲しそうに器から離れないようであれば増やしてあげます。

あとは便の状態も一つの目安になります。理想的な硬さはティッシュでつまめる程度。コロコロとして固い状態であれば食事量が足りない可能性もあるので、少しずつ増やして様子をみます。逆に便が軟らかいのであれば量を控えてみましょう。食欲がなくて軟便が続くときには主治医に相談してください。

Papillon Q&A

## Q 食事を食べ残す場合はどうする？

### A あまり神経質にならず、そっと見守って

便の状態に問題がなければ、分量が多いものと判断して、次ぎから少し減らしてみましょう。それでも食べ残すようなら、気分的なものかもしれません。従来の食事をそのまま与え続けてください。心配して手から直に与えようとしたり、何か別のものを与えたりすると、犬にはそれが癖になって意図的に食事を残すようになってしまいます。また、飼い主が付きっきりで

⇦Papillon

「食べろ、食べろ」と強要するようでは、いっそう食べる気をなくしてしまいます。器を置いたらさっさと立ち去るぐらいがちょうどよいのです。

大事なのは、食事が残っているからといってそのまま置きっぱなしにしないこと。30分ほど出しておいたら、たとえ食べ残っていても片づけてしまいます。いつでも食べられる状態にしておくと、気まぐれな性格となり生活リズムが乱れます。とくに湿度や気温の高い季節は食品が傷みやすいので、食中毒を防ぐ意味でも出しっぱなしは避けなければなりません。

Papillon Q&A

## Q 成長に合わせて食事内容を変える？

**A 除々に食事の回数は少しずつ減らして**

成長に合わせて食事の分量を増やし、回数を減らしていきますが、月齢や回数に基準があるわけではないので、子犬に任せましょう。一つの目安としては、食事の速度が遅くなってきたら回数を減らしてみます。1日2回にする場合は、朝夕の食事の間に軽くおやつを与えるとよいでしょう。生後6ヶ月前後で乳歯から永久歯へ生え変わるので、その時期までになるべくドライフードを食べさせるようにします。柔らかくして与えていたフードは、少しずつ固さを残すようにすればドライフードに慣れていきます。

Papillon

## 食事の甘やかしはNO！

かわいいからといって、クンクンとねだられるままにお菓子などを与えていませんか？　食卓の自分の皿からおすそわけなどしていませんか？　フードを食べなくなる原因の一つに、こういった甘やかしがあるのです。人間の食べ物を与えることは、犬にとって決してよいことではありません。人間の食べ物は味が濃すぎて犬の肝臓に負担をかける上、消化が悪かったり毒になったりするものさえあります。さらに、一度もらって味をしめると、次からは食べ物がもらえるまでうるさく催促し続けるので、しつけの上でも問題あり。一定の場所、時間、分量をきちっと守って食事を与えることが、子犬の心身を健全に育むことにつながるのです。

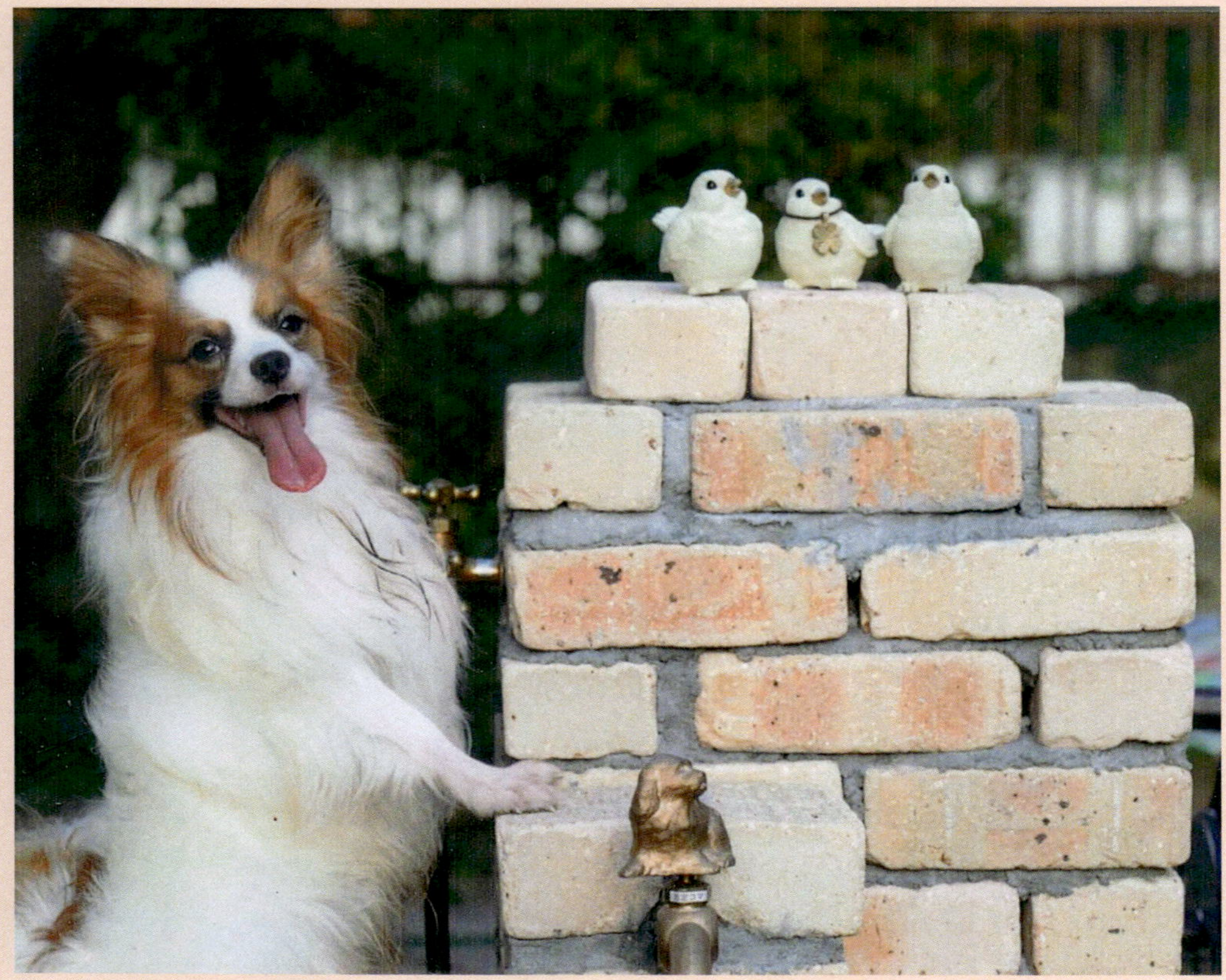

## 安易な食事制限はやめて

犬の生後6ヶ月から2歳くらいまでは、人間でいえば小学生から大学生までの発達期。骨格を完成させる上でも、栄養バランスのとれた食事が何よりも大切な時期となります。それなのに、小型犬が大柄な体型になることを恐れて、わざわざ食事を制限する人がいます。体の大きさはもって生まれたもので、食事の量が影響することはありません。成長期に充分な栄養がとれないと、成犬になって通院ばかりしているような病弱な犬ができあがる恐れがあります。

# 第 5 章

# 上手なしつけ方
# 訓練の仕方

Papillon Q&A

# Q しつけをする上でもっとも大事なことは？

## A 犬との主従関係を明確にする

飼い主には、愛犬が他人に迷惑をかけたり不愉快な思いをさせたりしないよう教育していく義務があります。逆を言えば、自分が飼いやすければよいのだから多少のことは大目にみようといった甘い考えの飼い主は、本当の意味で犬を愛していないのです。来客があるたび、隣の部屋に閉じ込めなければならない行儀の悪い犬を飼うことに、何の意味があるのでしょうか。愛犬家なら誰しも、たくさんの人に愛される犬になってほしいと願うはずです。

しつけの第一歩は、飼い主の言うことに従わせるための服従訓練から始めます。犬が人間社会に組み込まれて生活している以上、本能に支配されたままの行動はトラブルの原因となります。しかし、犬には自らの感情を抑制する能力がないため、飼い主がその役割を担わなければならないわけです。

また、犬をしつける前に日常の世話を通して十分なスキンシップをはかり、犬との信頼関係を築くことは必要不可欠です。いかに深い愛情で犬と触れ合うかが、しつけの成功の鍵といっても過言ではありません。ただし、飼い主と犬がどんなに親密であっても、両者の間に支配・服従の関係が成り立っていなければ、しつけは上手にいかないでしょう。犬は元来、群れをなして生活をする習性があり、たいてい家族を一つの群れととらえて各々を順位をつけ、リーダーや自分より上位の者には従おうとします。

かりに「かわいい、かわいい」と何でも許されて過保護に育ち、犬から見て家族内に頼れるリーダーがいないという状態であれば、犬は自分をリーダーとして位置づけてしまいます。こうなると、誰の言うことも聞かない、手のつけられない犬となってしまうのです。

支配・服従関係を確立することは、人間側からすれば力関係で結ばれるような味気ないものに思われがちですが、群れ意識を強く抱く犬社会においては秩序を維持し、両者の関係を平和的に保つための絶対的条件となります。遊びや散歩のときには飼い主が主導権をにぎり、リーダーシップを発揮するよう努めましょう。また、家族間ではしつけ上のおおまかなルールを決め、そのときの気分や状況、あるいは人によってしつけ方が変わらないようにします。命令語についても、「イケナイ」「ダメ」「ヤメテ」「ノー」など表現がバラバラにならないよう言葉の統一をはかってください。

いかなる場合においても、犬より人間

のほうが絶対的に上であることを認識させなければなりません。そのためにも、犬を擬人化して特別扱いをするような甘やかした行為は避けてほしいのです。

Papillon Q&A

## Q 体が小さいぶん、しつけは甘くてもいい？

## A NO！小型犬だからこそ十分なしつけを

普通、大型犬に対してはちょっとしたトラブルが大きな事故につながりかねないため、服従訓練をしっかりと行なう飼い主が多く見られます。一方で、外見的に小さくてかわいらしい小型犬は、つい甘やかして育ててしまいがちです。ましてや家に来たばかりの子犬は無条件にかわいいもの。しつけはもう少し大きくなってから……などと、子犬のわがままを無邪気さとして許してしまうと、後から取り返しのつかないことになります。しつけは5ヶ月までにきちんとすることにより、将来おたがいに幸せま生活ができます。

とくにパピヨンは学習能力に長けた賢い犬種であり、しつけをしやすい一方で、手を抜いた飼育をすれば人間の甘さを見抜いてやりたい放題を通す犬にもなります。「うちのパピヨンはいくら教えてもルールを守ってくれない」という状況であれば、それは飼い主の態度に問題があると言わざるを得ません。

しつけを始めるのに早すぎるということはありません。飼い主がしっかりとリーダーシップをとり、家に迎えた直後から「ダメ！」「ノー」の言葉とともに我慢を覚えさせること。常に毅然とした態度でしつけにのぞみ、共同生活の中で、愛犬に人間社会のルールを教えていくよう努めてください。

Papillon Q&A

# Q 上手にしつけるコツを教えて

## A パピヨンの性質上、叱るよりほめよう

純血種を飼う場合、飼育本などでその犬種特有の性質をよく勉強することが大切です。たとえば、パピヨンは元来人間を喜ばせることが大好き。その性質を生かすためには、叱るよりもほめることに重点をおいたしつけが望ましいのです。正しい行動をしたり、上手に何かをやりとげたときには、大げさにほめて犬の行動意欲を引き出すようにしましょう。“ごほうび”としてオヤツを与えたり、好きなオモチャで遊ばせることも効果的。しつけの時間を十分楽しめるような演出を心がけてください。

Papillon

### よいほめ方、よい叱り方

良いことと悪いことの区別をハッキリとさせるためにも、ほめるときと叱るときには声色を変えて態度にメリハリをつけましょう。

ほめるときには「ヨーシ」「イイコ、イイコ」などと優しく声をかけながら、愛情たっぷりの態度でスキンシップをはかります。頭や背中、のど元を撫でたり、じゃれて遊んであげましょう。オヤツを与えてほめるのも理解力を高めさせるよい方法です。ただし、毎回与えていると、オヤツがもらえなければ言うことを聞かない犬になることもあるので、3回に1回は与えるといったルールを作るとよいでしょう。

叱る時には、よくない行動をした直後に「ダメ！」と素早く行動を制することが大切です。そのタイミングを逃し、いつまでもクドクドと文句を言っていたりすると、犬はなぜ叱られているのか理解できない上、飼い主への不信感が生まれてしまいます。理由がわからず叱られ続けていると、いつも飼い主のご機嫌をうかがうオドオドとした犬になることもあるので気をつけましょう。

## ●基本的な服従訓練

### 「スワレ」「マテ」「コイ」

物事のよし悪しを教えるのに早過ぎるということはありませんが、服従訓練をするには理解力の点でも生後4ヵ月以降が適しています。

スワレは、オヤツやオモチャなどで犬の注意を引き、目線が上がったときに腰を下げるように軽く押せば、自然とスワレのかたちになります。その瞬間に「スワレ」と命令し、同時にほめてあげます。

それができたら、今度はマテです。オヤツを鼻先にちらつかせてから握って隠し、もう片方の手を犬の鼻先に突き出して「マテ」と命令します。しばらく待てたら「ヨーシ」とほめてオヤツを与えましょう。

「コイ」は呼び戻しの訓練です。犬にリードをつけた状態で「スワレ」「マテ」を命令し、2~3mほど離れます。おとなしく待つことができたら、「コイ」と呼びます。犬が反応しないときには、リードを軽く引いて行動をうながし、足元までたぐり寄せたら愛撫して十分にほめてあげましょう。

これら「スワレ」「マテ」「コイ」の訓練は、この先覚えるだろうさまざまなしつけの基本となるものなので、生後6ヶ月くらいまでにマスターさせましょう。ただし、子犬は集中力が足りないので、長時間にわたる訓練は心身に負担がかかります。飽きてきたなと感じたら、無理せず止めるようにしてください。

Papillon

### トレーニングはプロにおまかせ

愛犬へのしつけに自信がなかったり、すでに言うことを聞かない犬になってしまっている場合、プロの手によるトレーニングを受けさせる方法があります。リードの扱い方や基本的な服従訓練などを直接指導してく

れますが、最近では飼い主参加型のものが主流で、それらの教室では犬よりもむしろ飼い主がリーダーシップをとれるようになること、正しい飼育者としての認識を改めることのほうに重点を置いています。
また、犬の個性を見極めてその犬に合った教え方をしてくれる点がうれしいところ。犬種による性質の違いもありますが、パピヨンはいつでも何かをしていたい好奇心旺盛な犬なので、たいてい喜んで参加すると思います。トレーニングも、オモチャ遊びなどを取り入れながら、楽しくしつけが身に付くよう演出してくれるでしょう。「しつけ教室」は全国各地にあるので、愛犬専門誌をチェックしたり、犬種団体に問い合わせたりして情報収集してみてください。

犬はとても清潔好きなので、トイレが汚れていると仕方なくベッドにしてしまうこともあります。汚れたらすぐに取り替えることを習慣づけましょう。

さて、子犬が家に到着したら、まずはトイレに直行します。とくに移動中排泄をしていなければ、たいていオシッコをするものです。とびらを閉め、排泄するまでジッと見守ってあげてください。うまく排泄できたら「ヨーシヨシ」と十分にほめ、ごほうびをあげてもいいでしょう。汚れたシートはすぐに取り替えますが、最初のうちだけニオイを少し残すようにすると、次ぎからもトイレを認識して、自然とそこで排泄するようになります。

なるべく早くトイレを覚えさせるには、失敗させないことが一番。まだ完璧に覚えていないうちは、遊びに夢中になってそそうをしてしまうこともあります。失敗させないためにも、生理的にはどんなときにもよおすのか、排泄したいときにはどんな素振りを見せるのかを知り、飼い主のほうがタイミングを見計らってトイレへ連れていくことが大切です。たとえば食事や散歩の後、寝起き、遊んで腸が刺激されたときなどにはトイレへ行き

たくなるものです。また、床のニオイを嗅いだり、お尻をこすりつけたり、その場をクルクルと回り出したらトイレのサイン。すかさずトイレへ連れていきましょう。

トイレでは子犬が排泄し終わるまで待ちます。ときにはシートで遊び始めたりして、なかなか排泄しないこともあるでしょうが、根気強く待つことが大事です。排泄の最中「シー、シー」と言葉で促してあげるようにすると、次第にそれが合図となって「シー、シー」という命令で排泄するようになります。ただし、この

ときの命令語は、たとえば「シー、シー」と家族で統一すること。各々が「ウン、ウン」や「ガンバレ」などとバラバラなことを言うと、子犬はなかなか覚えられません。オシッコでもウンチでも、同じ言葉で排泄を促してあげましょう。

上手にできたら「ヨーシ、ヨシ」と優しい言葉をかけ、ごほうびをあげたりして十分にほめてあげることも忘れずに。

### ●困ったクセの直し方

吠える、噛む、飛びつくなどの困ったクセがあっても、子犬のうちなら直すのにそれ程の手間はかかりません。いずれのトラブルの場合も飼い主の態度に原因があると考え、愛犬への日頃の接し方を改めることが第一です。訓練のときだけでなく、食事や散歩、遊びなどを通じて「スワレ」「マテ」「フセ」「ハウス」といった命令に従わせ、誰がリーダーであるか理解させるよう努めましょう。

無駄吠えは、たとえばインターホンや車などの物音に警戒していたり、散歩や食事を要求していたり、他人や他の動物を怖がっていたりと、何らかの理由があるはずです。いずれの場合も、ひたすら

Papillon ⇨

無視するように努めましょう。叱ったり、なだめたり、飼い主が何らかの反応をすることは犬を興奮させるだけで問題解決にはなりません。ましてやうるさいからと要求に応えてしまうと、犬は吠えたから受け入れられたと思い、よけいに状況をひどくさせてしまいます。子犬が諦めてなきやむまで辛抱し、おとなしくなったら「スワレ」「マテ」などで服従させて十分にほめてあげましょう。

ものを噛む行為は犬の習性であり、犬の口は、人間の手の役割と同様にものを判断したり運んだりすることに使われるため、むやみに叱るのは考えものです。犬の行動を制する前に、噛まれて困るものは犬の届く範囲に置かないよう気を配りましょう。噛んでいる現場を見つけたら、オモチャなどで気をそらせるようにします。噛んでもよいオモチャには犬の好きなニオイをつけ、ダメなものには犬の嫌がるニオイのスプレーをしておくのも手です。

人間や他の犬に対して甘噛みをするのは、軽く噛んで相手をけん制し、自分と相手との立場を確認する意味があります。甘んじて受け入れてしまうと、子犬は飼い主よりも自分のほうが上の立場である

## 失敗したときの対処法

トイレ以外の場所でおもらしをしてしまっても、その現場を見ていない限り、決して叱ってはいけません。時間が経ってから排泄物を見せて叱ると、子犬は排泄行為自体がいけないものと勘違いして、次ぎからは隠れた場所でするようになったり、ウンチを食べてしまう行為に出たりします。また、理由がわからず叱られたことで、飼い主への不信感を抱くこともあります。

おもらしの現場を見つけたときだけ「ダメ!」と叱ることができます。その場所に子犬の鼻を押し当て、悪いことだとわからせる方法がありますが、このときもタイミングを逃さないよう、また強い力で抑えつけないように注意しなければなりません。その後は、排泄したこと自体を叱ったのではないと理解させるためにも、子犬がきちんとトイレで排泄したら、少し大げさぐらいにほめてあげましょう。

怠ってはいけないのがそうの後始末です。子犬がその場所をトイレと勘違いして同じ失敗を繰り返さないよう、汚れの痕跡を十分に拭き取り、消臭剤を使ってニオイを完全に消し去りましょう。

と思い込み、言うことを聞かない犬になってしまいます。遊びの最中、犬の歯が当たったら、「イタイ！」と不快な表情をして手を引っ込め、そのまま遊びをやめてしまいましょう。強く噛むような場合には、「ダメ！」と言いながら口先を手で押さえたり、首を押さえて横に倒したりして子犬をいさめます。その後、「スワレ」「マテ」などで服従させて十分にほめてあげましょう。

飛びつき行為は、“会えてうれしい”と喜んでいる親愛の表現ですが、相手が犬好きであるとは限らず、他人の迷惑になることもあります。また、飛びつきを許して“かまってほしい”という犬の要求をのんでいると、人間よりも自分のほうが上の立場であると思い違いをしてしまいます。飛びつきをやめさせるには、徹底的に無視すること。目を合わせたり、声をかけたりしてもいけません。その後、落ち着いて足を完全に着地させるまで待ち、「スワレ」「マテ」などで服従させて十分にほめてあげましょう。

# 留守番はハウスの中で

トイレ・トレーニングと一緒に行ないたいのが「ハウス」の訓練です。いつも家族と一緒にいたいパピヨンにとって、家の中にひとりぼっちの状態は相当なストレスとなります。異常に吠えたり、ものを散らかしたり、トイレ以外の場所でそそうをしたり、そんな問題行動を起こすことも少なくありません。ですから、子犬のうちは留守中、ハウスで休ませるようにしましょう。そうすれば、トイレを失敗することもない上、ソファーやベッドから飛び降りて骨折するなどの事故も起こりません。

ハウスに慣れさせるためには、指を差しながら「ハウス」と命令します。反応がなければ、オヤツを中へ投げ入れて、子犬のお尻を軽く手で押して誘導します。子犬が中に入り、オヤツを食べて出てこようとしたら、「マテ」と命令して待機させます。少しでも待てたら十分にほめ、再びオヤツを投げ入れてあげましょう。この行程を繰り返してじょじょに待機の時間を延ばし、ハウスに入ればうれしいことがあると思わせて慣れさせます。

上手に留守番させるためのポイントは、出かけるときや帰ってきたときに決して特別な態度をとらないこと。犬が興奮してキャンキャン吠えたとしても、かわいそうに思って声をかけたり、視線を合わせて愛撫したりせず、無視して自然にふるまうことが大切です。

# 絵で見る
# しつけ・訓練

## 【服従本能】

「スワレ！」と命令。

犬が座る
↓
誉める
↓
犬は服従本能を満足させる
↓
訓練が楽しくなる
↓
訓練を楽しんでやるようになり、
よく覚える。

＜ほめる方法＞

愛撫・表情・言葉　　好物を与える

1.おおげさにほめる

“大切なこと”
しつけをやることが当たり前と考えて、誉めるのを忘れると、犬は叱られたと感じて、自信を失い（希望した服従本能を満たされないため）、訓練が進まなくなる。

1.まずは訓練を覚えたら、「大げさにほめる」好物を与える。（食欲本能、種族保存本能）

2.普通にほめる

3.ちょっとほめる

2.訓練が出来るようになれば、「普通にほめる」
軽く頭を撫でてあげる。

3.訓練科目に熟練すれば、「ちょっとほめる」
だけでよい。

## 【集団の動物】

1.イヌは集団（群れ）の動物である。
（犬の祖先と考えられるオオカミからくる）

2.時としてイヌはたった２頭でも群れと考える。

3.群れには最上位の犬、リーダー犬が存在する。
（オオカミにおいてはリーダーをアルファと呼ぶ）
※リーダー犬には、オス、メスの区別はない。

4.１つの群れには、はっきりとした順位付けがある。
※力の強い者から順にランク付けされる。

集団の動物≠単独の動物：
猫科（ライオン、チーターは除く）の動物に代表される。
環境に溶け込む毛の模様や夜でも利く目、鋭い聴覚が、「待ち伏せ・忍び寄り」の狩りを可能にした。
（トラ・ヒョウ・ジャガー・ユキヒョウ・ウンピョウ・ピューマ・ボブキャット・オセロットetc…）

5.●イヌは一緒に生活する家族を１つの群れと見なしている。
●ヒトとイヌの区別なく自分をランク付けする。
●自分よりヒトを下にランク付けすると、
イヌはわがままで手に追えない状態となる。(例. 6.7)

6.噛みつく。

7.エサを食べない。

8.服従のポーズ
●自分は、あなたより弱いんですということを表現するポーズ。
下腹部を相手に見せ、敵意のないことを表わす。

9.常にヒトの行動を観察し、
自分よりヒトが上であるという
生活が好ましい。

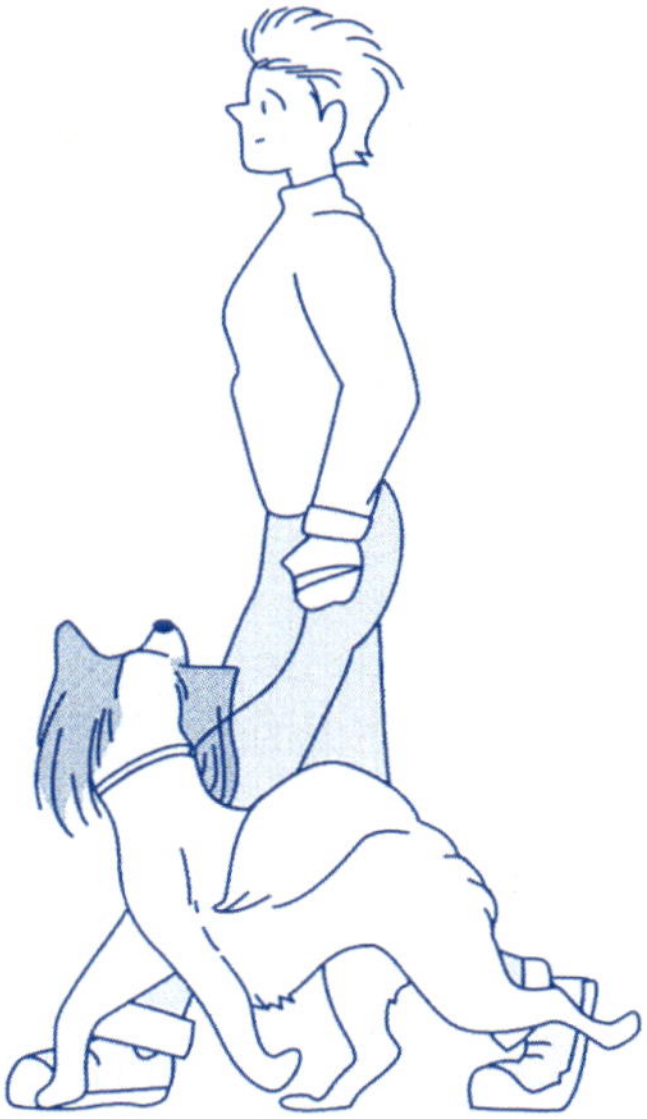

10.家族の順位付けは、こうあるべきであるが…。

## 犬が人間より上位になるのを防ぐには…〉

·犬の時より

. 遊んでいて→膝の上で仰向けにおさえつける（お腹を出させる）
→服従のしるし。
お腹を撫でる：子犬の時、母親にお腹を出し、排便、
排尿の始末をしてもらった事を思い出し、
心が安らぐ。

. 歯を見る。
. 口吻を自由に動かせる。
. 体を自由に触る。手足も自由に触って動かす。

. ちょっとできたらすぐエサをあげる。
すぐあげれば、犬が少し不愉快でも、
エサを貰ったことによってすぐ不愉快さを忘れる。
そして触られることが楽しくなる。

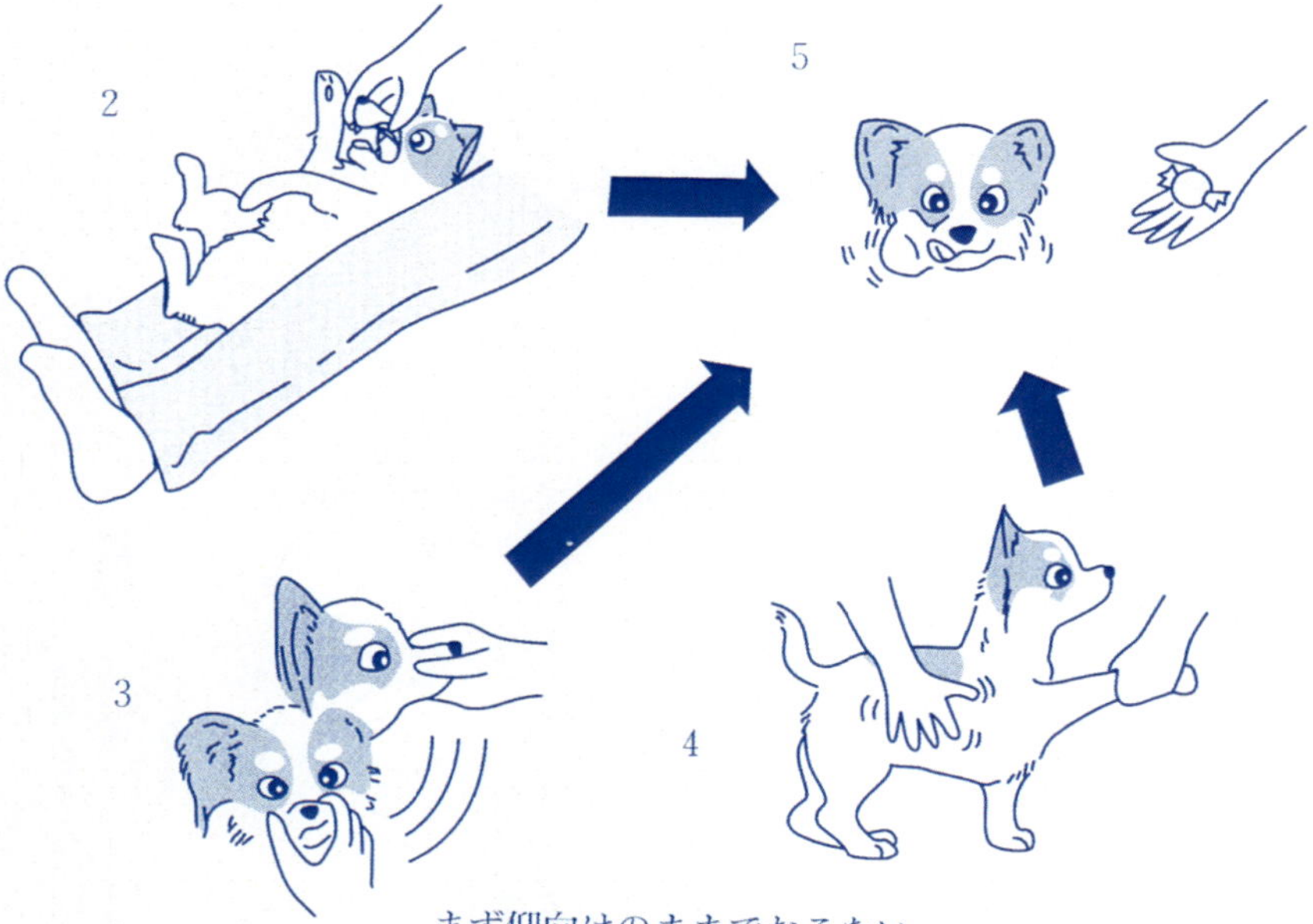


まず仰向けのままでおこない、
次に立っていても出来る様にする。

6．遊んでいて、犬が手などを噛んだときは叱る。

7．少しの叱り方だと、人間が遊んでくれているのだと思い、
ますます強く噛んでくるので、犬が恐縮するくらいに叱る。
母犬は、子犬が噛んだら、噛んで叱るように、
子犬はそれでしてはいけないことを覚える。

8．人間が犬に噛まれると痛いので逃げると、

自分 → 歯 → 武器 → 力 → **自信につながる**

## 〈人がボスになるための方法〉

1．犬がボスである限り、人の命令はきかない。

人がボスになるには、こんな方法もある。

2．「マテ」の訓練ができたら

↓

「フセ」をさせる。

↓

言うことを聞かないとき、とてもよい罰になる。

↓

うまく這えば、誉める。

（服従心をうえ付けることができる）

3．逆に犬を誉めて喜ばせるのには…

ボール遊び

↓

訓練ができたときの褒美となる。

↓

人と一緒に遊ぶ、作業することは、
犬にとって大変な喜びである。

↓

アジリティーの訓練へとつながって行く

## 【条件反射】

■条件反射とは…（心理学上の用語）

普通では決っして反射など起こらないことが、一定に与えられる刺激と条件を繰り返すことで、条件を与えられただけで反射を起こしてしまう現象を条件反射という。

これに対し、本能のままの反射を無条件反射という。（パブロフが名付ける）

この条件反射を利用して、『訓練』は可能となる。

1．エサを与える。
※無条件刺激…無条件に反射を起こさせる刺激だから無条件刺激と名付ける。
↓
唾液を出す。（無条件反射）
※犬は単純にエサを与えられたことにより、本能のまま唾液を出す。

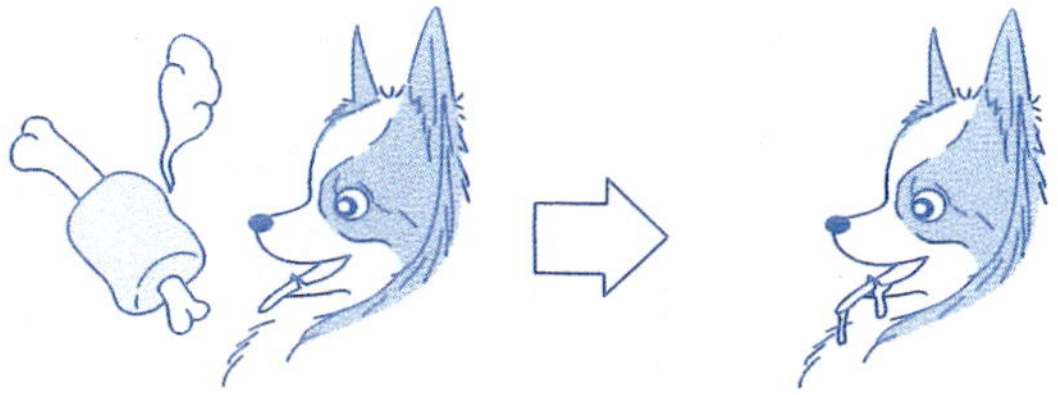

2．ベルの音を聞かせる。
↓
何も感じない。（わからない）

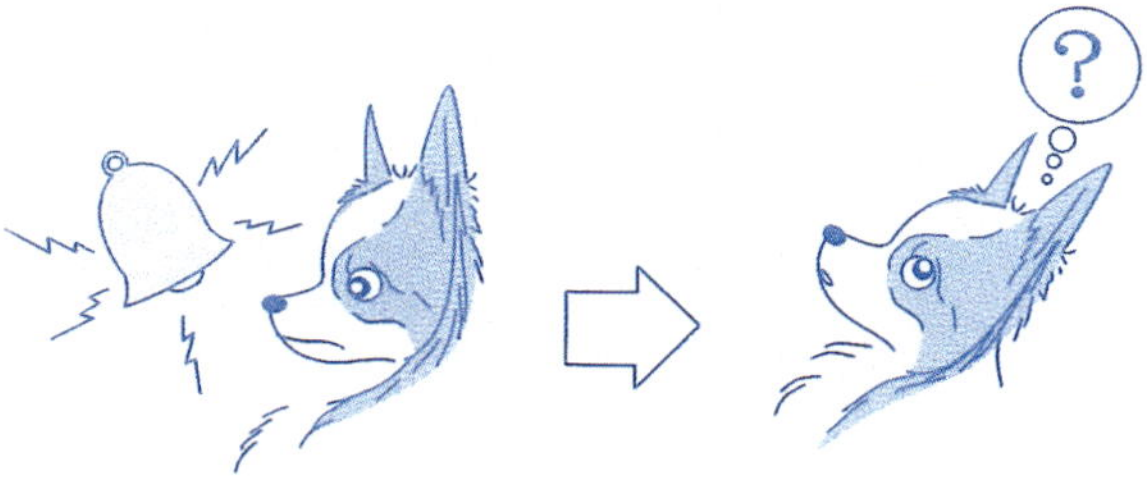

3．エサを与えること（無条件刺激）→唾液を出す。（無条件反射）とベルの音を聞かせること（条件刺激）を同時に行う。
※無条件刺激と同時にという条件なので、条件刺激と名付ける。

※3を繰り返し行う。

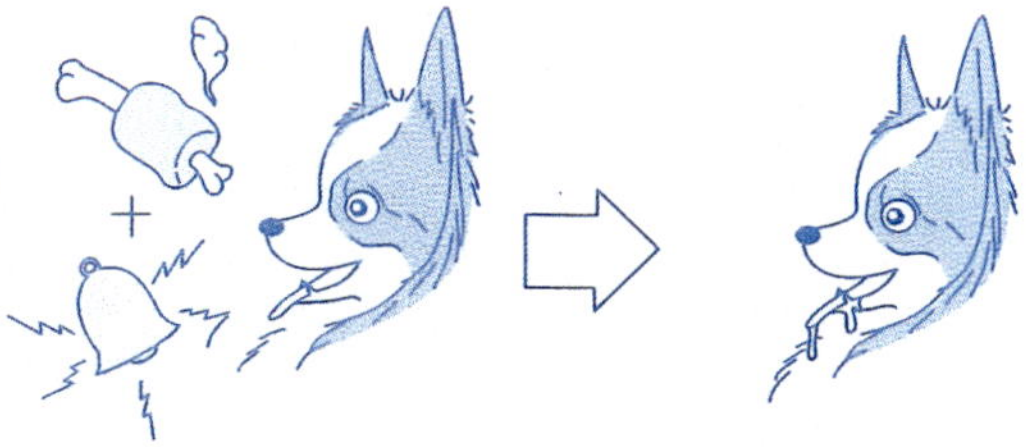

4．ベルの音を聞かせる。
↓
唾液を出す。（条件反射）
※条件刺激だけでおこす反射なので、条件反射と名付ける。

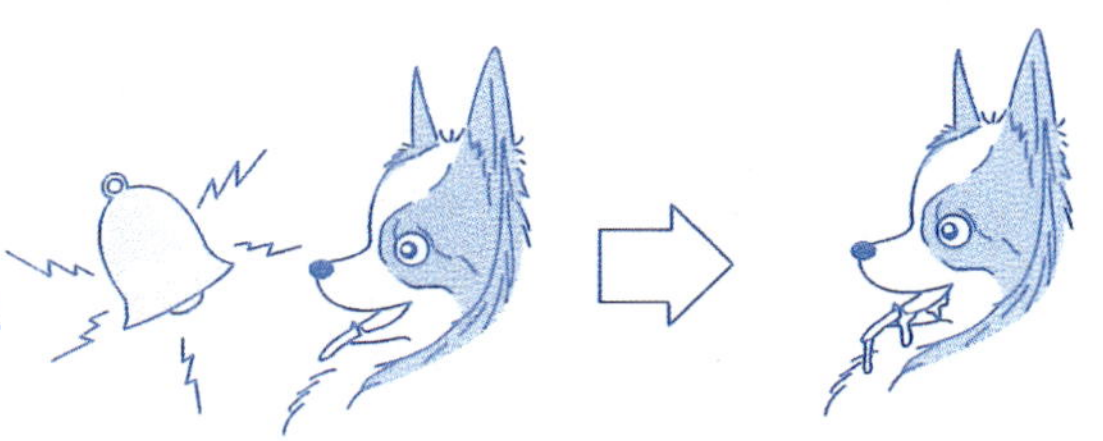

【条件反射】の応用で訓練する場合の注意点

＜命令は決められた音１つで！＞

１．条件反射の訓練では、音を聞かせると同時に、エサを与えることにより、
無条件反射で唾液を出すようになり、繰り返すことによって、音を聞かせただけでも
唾液を出すようになる。（条件反射）

しかし！
音と言っても毎回違った音で、
エサを与えても条件反射を起
こすようにならない。

※犬にとって、ベルの音、
ブザーの音、笛の音は雑音となり、
条件刺激にはならないのである。

※音を決められた
音１つで行うこと！！

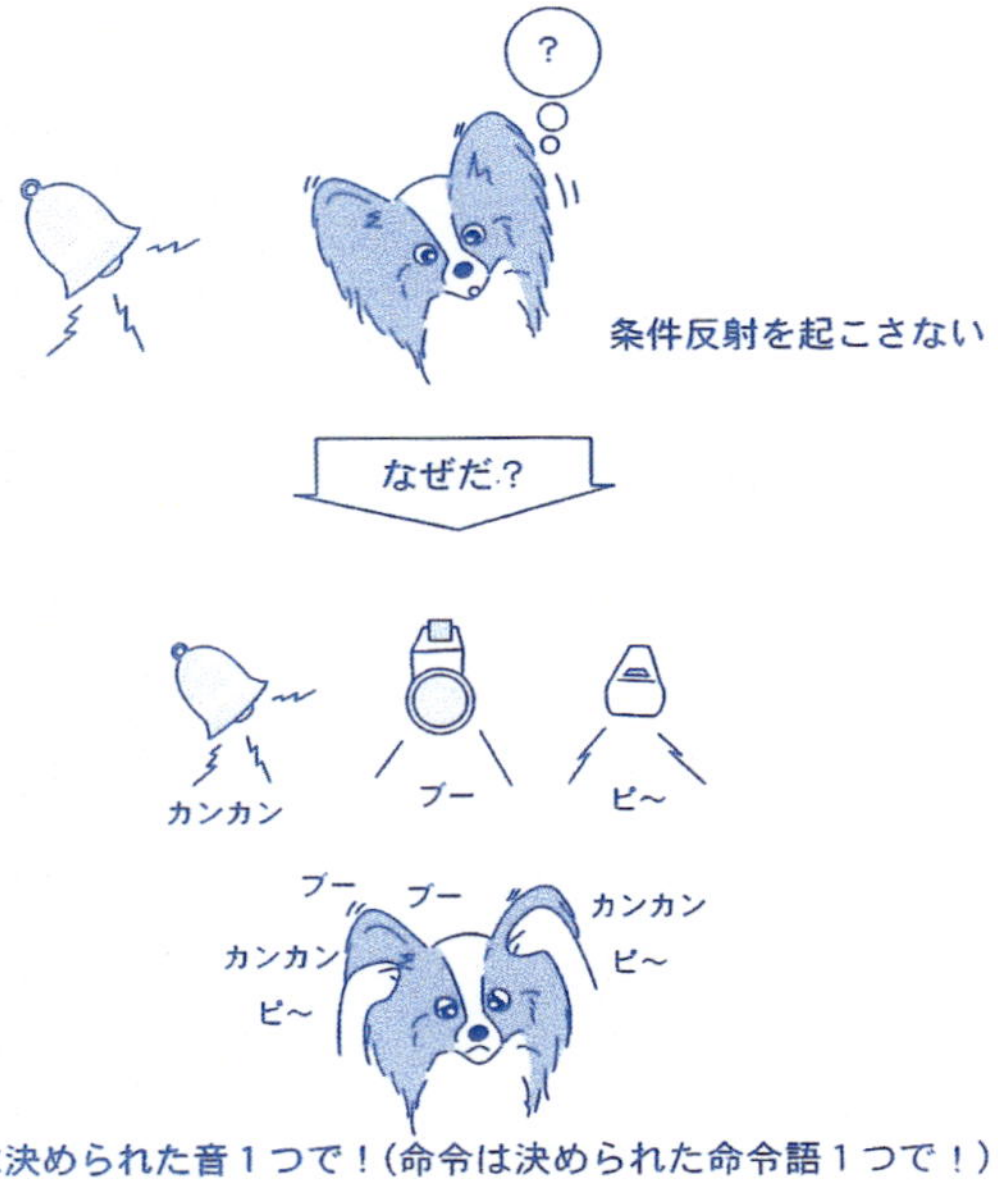


音は決められた音１つで！（命令は決められた命令語１つで！）

## 【お手（おかわりを含む）】

・犬を所定の位置に脚側停座をさせる。

飼い主は、まず犬と対面し、いったん直立して節度をつけてから、犬に「オテ」を命じ、犬の左右の手首と各1回ずつ各３秒間握手した後、直立し節度をつけてから、脚側停座につけて終わる。

☆飼い主が犬の手をとりにいくような誘導的態度は認められません。犬は命じられた方の手を、自主的に飼い主にさしのべる方が望ましいことです。

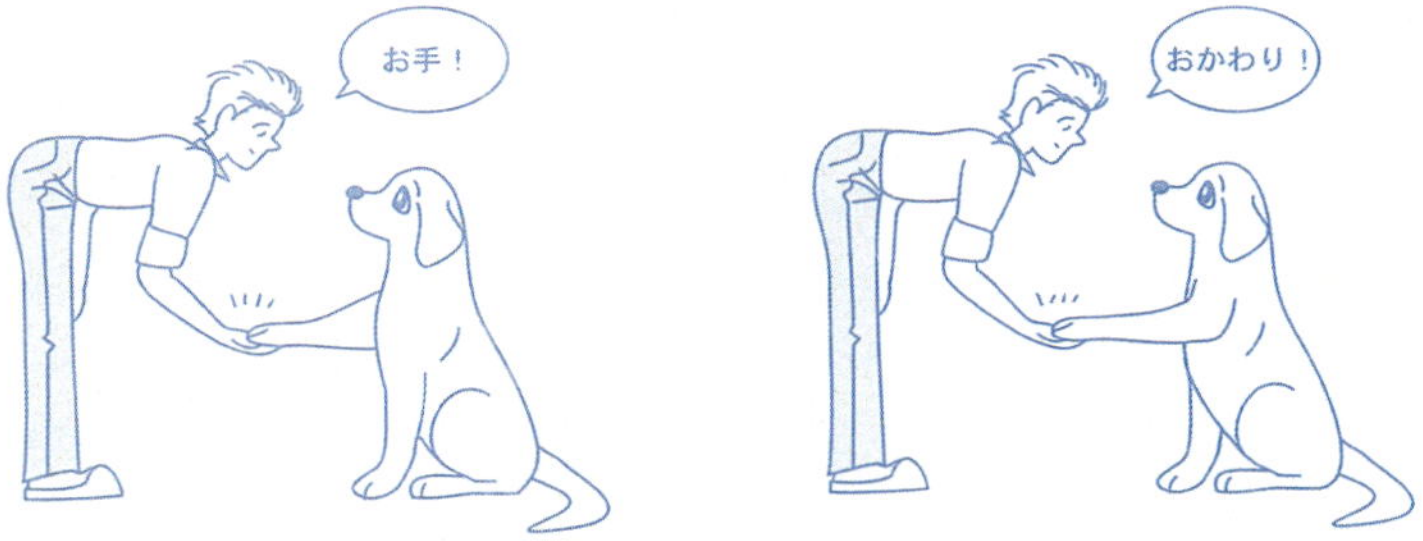


**《お手の教え方》**

①犬を脚側停座させる。 ②犬に「マテ」を指示する。 ③犬と対面する。

④「お手」と指示を出し、最初は飼い主が犬の手を誘導するように握ってあげる。これを繰り返し行い、「お手」の指示で、徐々に犬から手を指導手のもとへ差し出すように誘導して行く。

⑤反対の手も同様に「おかわり」の指示で、繰り返し行う。うまく出来たら、誉めて終る。

## 〈叱る、誉める〉

●様々な情況、性格、訓練の科目により、叱らなければいけなかったり、叱ってはいけない事がある。

1．叱らなければ訓練を出来ない犬…
　ボスになった犬、或いはボスになる素質を持った犬

2．叱ってはいけない犬…
　内気な犬、シャイな犬等

「叱ってはいけない科目」
　犬にしてもらう科目
　・持って来い→持って来てもらう
　・捜索→捜してもらう

持って来い

捜索

襲撃

ショー・マナー

「叱ってもよい科目」
　人が犬にやらせる科目
　（あくまでも犬が科目と理解していて、人との信頼関係の範囲で　）
　・座れ　・伏せ　・くわえろ　等など…

座れ

伏せ

くわえろ

※誉めすぎには、害はない。　※叱りすぎは害がある。

## 【だっこ】

・犬を所定の位置に脚側停座をさせる。
・犬と任意の位置で対面し、だっこを命じ、犬をだっこしたら直立して節度をつける。５秒後に、犬を安全に降ろし，もとの脚側停座につけて終わる。

### 《だっこの教え方》

①犬を停座させ、飼い主は左手にリード、右手におやつを持ち、犬の正面に立ち、犬に「マテ」をかけ、膝立ちの姿勢をとる。

②「ダッコ」と声をかけ、同時におやつを自分の胸の前へ持ってくる。犬が胸に向かって跳びついて来たら、よくほめてあげる。（犬が来ない時は、軽くリードを引いてやる。）

③膝立ちの姿勢で、出来るようになったら、今度は中腰の姿勢に変えて練習する。この時、おやつやリードを使用する回数をだんだんと、減らして行く。

④リードを付けずに、立った姿勢で「ダッコ」と声をかけて、犬が座った姿勢から胸に飛び込んで来たら、良くほめてから、降ろしてやる。

## 【犬の扱い方】

＜子犬編＞
子犬の抱き方について

決して両前肢を握って持ち上げてはならない。
（肘関節・肩関節が緩んだり脱臼してしまう）

人の肩に前肢をかけさせて抱くような方法も
大変危険である。
（人の肩の高さから飛び降りたら骨折などの
大きな怪我をする原因となる）
（声で叱るようにし、叩いてはいけない）

片手で肘の下からボディを支え、もう片方の
手で後肢を支えてあげるように抱き上げる。
（人の体に密着させることで犬に安心感を与
え、また両腕で支えることで犬の落下を防
ぐことができる）
尾をにぎっていると安全。

家庭内に於いてもたくさんの危険が潜んでいる。
・電気のコードに噛みつく。
・小さな物を飲み込む　etc…

いたずらを発見した場合、
その場ですぐ叱る。
（声で叱るようにし、叩いてはいけない。

## 〈日常生活編〉

現代の犬たちは、ほとんどすべて人間に決まった時間に食事を与えられ、肉体的な健康に気を配られ、果ては危険からも保護されて…

…結局は非常に退屈な日々を送るに至っている。

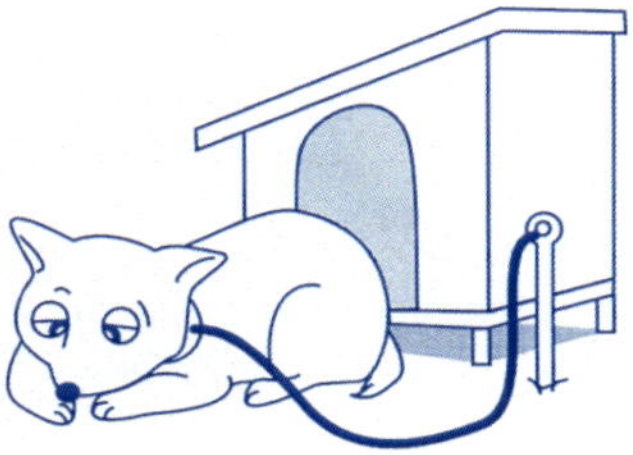

犬は自分の住んでいるテリトリーを守ろうと、家や庭に近づく見知らぬ人や犬に対して攻撃的になる。
…隣人は犬の吠え声に苦情を言って来る。
（行動的問題点の発達）

運動が足りなかったり、欲求不満を抱いている犬は
脱走を試みたり
他の犬を攻撃しようとする。

…リードをしつこく引っ張る。他所の犬を攻撃しようとする。自転車を追いかけるなど、犬がフラストレーションが溜まっている時に現われやすい傾向である。

※上記の『行動的問題点の発達』は、自分のペットに適切な飼い方をしなかったという点で、飼い主（自分自身）の責任であり、犬の責任では決してない。

※生後１８カ月以下の犬の死因でもっとも多いのは、病気や伝染病や怪我ではなく、安楽死によるもので、その決定に至った最大の理由は、不適切な飼い方の結果、ストレスが蓄積されてしまったことといえる。

そのために、『適切な訓練の必要性』が重要になってくる。

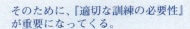

*Photo Mari Nakajima*

# 第 6 章

# 毎日のグルーミングで清潔に

Papillon Q&A

## Q グルーミングってなに？

**A グルーミングは手入れの基本です**

グルーミングとは、ブラッシング、シャンプー、各部位の掃除など、清潔を保つために行われるケア全般のことをさします。パピヨンは、家庭犬であれショードッグであれ、多少の技術的違いはあるものの基本的には同じようなケアを定期的に行う必要があります。グルーミングは、愛犬の健康維持のためだけでなく、犬と飼い主とのコミュニケーションをはかる上でも重要な役割があります。グルーミング嫌いにさせないよう、迎えてすぐの子犬のうちから毎日の手入れを習慣づけましょう。

Papillon Q&A

## Q 手入れを好きにさせるコツは？

**A 子犬のうちから体にたくさん触れてあげましょう**

体のどこに触れても嫌がらない犬であれば、グルーミングのときにおとなしくしているはずです。そのためには、日頃のスキンシップで体に触れることに慣れさせると同時に、犬と飼い主との主従関係をはっきりさせることが大切です。まずは遊びの中でじゃれ合いながら首や背中、四肢にかけて触れてみましょう。「ヨーシ、ヨシ」などと安心させるように声

をかけながら行うと効果的です。興奮させないように優しく撫でながら、今度は子犬を仰向けにさせてお腹に触れてみます。あるいは子犬の体を前方に倒し、そこを手で押さえます。犬にとってお腹をみせたり覆い被されることは相手への服従の意味があり、主従関係を明確にするためにもしばらくそのままの体勢を保持しましょう。

飼い主がリーダーであることを認め、信頼をもてるようになれば、子犬は体を触れられることに対して気持ちよさを感じるようになります。目を細めて眠そうな様子がみられたら、ずいぶん慣れてきた証拠。今度は子犬を膝の上に寝そべらせて、背中やお尻にコームを当ててみましょう。ただし、怖がって嫌がるようなら無理せずにいったん止め、トゲトゲした感覚を与えないように気をつけます。逆に、おもしろがってコームにじゃれついてきたら、目を見ながら「ダメ！」と行動を制し、遊びでないことをわからせてあげましょう。このようにして少しずつ慣れさせていけば、たいてい子犬は驚くほど早くおとなしくすることを覚え、毎日のケアを楽しみに待つようになります。

⇦Papillon

Papillon

# 正しいブラッシング法をマスターしよう

　ブラッシングは毎日１回、散歩から帰ったら行うように習慣づけましょう。まずはお尻のほうからていねいにコームをかけますが、上の毛をめくり、下の毛から順にかけていくとスムーズにいきます。ゴミや食べ物がからんでいたり、毛玉ができてたら不用意に引っ張らず、いったんコームを外して被毛を点検してください。原因を取り除いたらコームで注意深くすき、それでもうまくいかないときには、仕上げ剤をスプレーして指で優しくほぐしながら再びコーミングしていきます。

　パピヨンの場合、胸のエプロンの毛、耳や尾の部分の飾り毛などはとくに被毛を傷めないように注意しなければなりません。乾いたままコームを入れると毛が抜けたり切れたりしがちなので、少量の仕上げ剤をスプレーしてから行うとよいでしょう。

　次に、被毛全体をブラッシングします。これは抜け毛やゴミを落とすだけでなく、皮膚をマッサージすることで血行を促し、健康的な被毛をつくる効果があります。ナイロン製のブラシは静電気により毛を傷めやすいので、純粋な豚毛ブラシを使うようにしましょう。ブラッシング、コーミングともに柄の部分を親指、人差し指、中指の３本指で軽く握り、力を入れずに手首を使ってとかすと、犬の皮膚を傷めず上手に仕上げることができます。

　ブラッシングの際には、被毛をかき分けてノミやダニ、皮膚病がないか地肌をチェックすることも忘れないでください。とくに梅雨時のジトジトした季節にはノミが多発します。皮膚に黒いゴマのような粒が付着していたらノミの糞かもしれないので、すぐにノミ取りシャンプーやノミ取り粉で対処しましょう。併行して畳やジュウタンの裏に殺虫剤をまくなど、室内の掃除も徹底させてください。

　また、生後４ヵ月から８ヵ月にかけて被毛が生え変わる時期を迎えますが、このときの子犬は、まるでパイプ・クリーナー（掃除機のえ）のような姿になります。飼い主の中には毛が抜けることを心配してブラッシングを控える人もいますが、生え変わりをスムーズに促すためにも、むしろ抜け毛を取り除いてください。皮膚に沿ってきちんと当て、軽く撫でるようにとかしていきます。

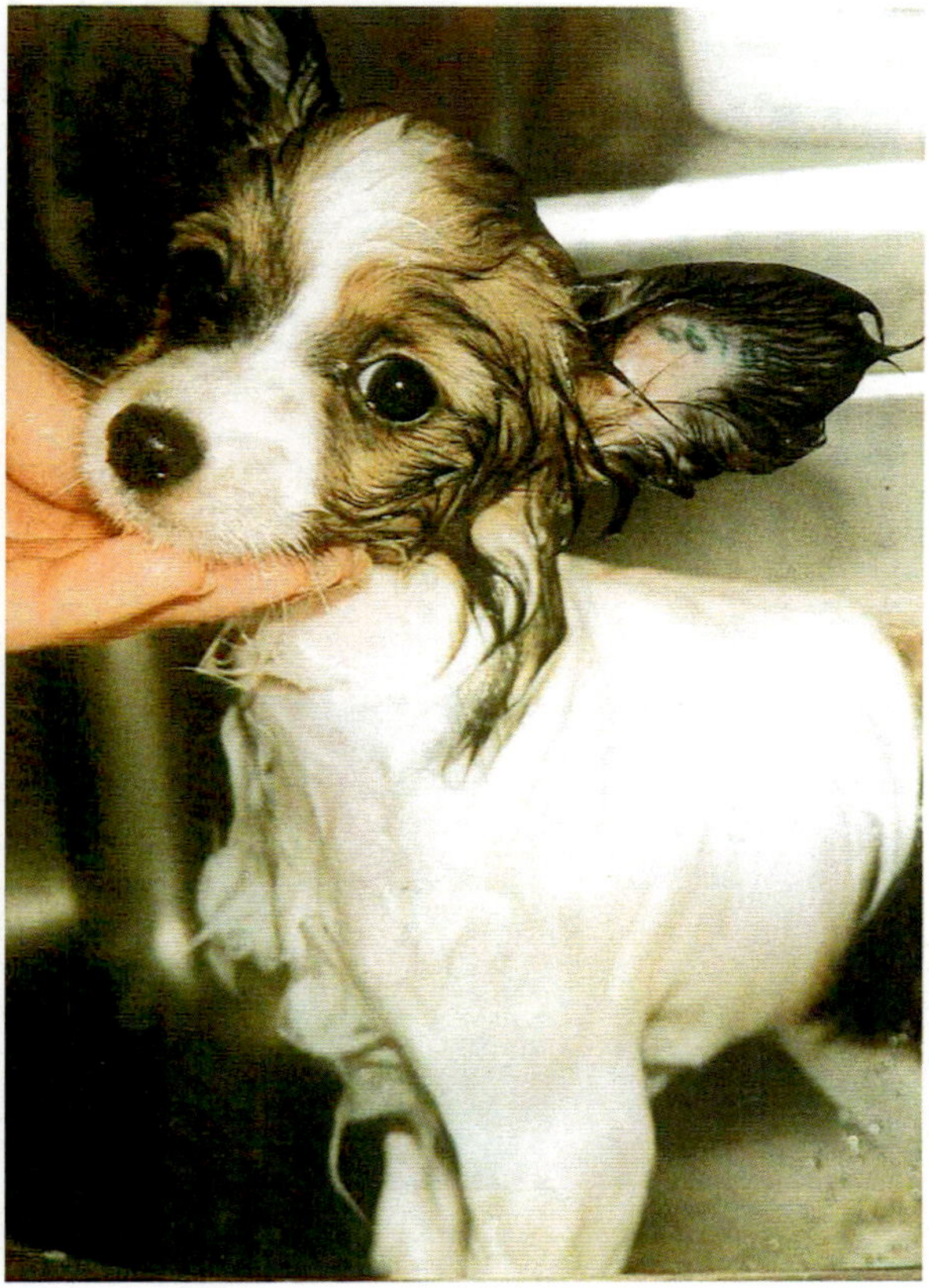

Papillon Q&A

## Q シャンプーデビューはいつ頃？

### A 生後2ヵ月から始め、月1回が目安

生後2ヵ月になった子犬なら、シャンプーしてもかまいません。頻度としては月1回～2回が目安ですが、季節や状況によって変わってきます。たとえば、乾燥しがちな冬場に洗いすぎると皮膚や被毛にダメージを与えてしまいますし、梅雨時や夏場には被毛がベタつきやすくなるので月2回程度にしてもよいでしょう。基本的には体が汚れてニオイが出てきたら洗ってください。また、被毛のケアとして頻繁に仕上げ剤や油剤を使っている場合は、被毛にためてネトネト、ベタベタさせないように多めのシャンプーが必要となります。

犬用のシャンプー剤は高価であっても良質のものを選んでください。トリートメント効果のあるものがおすすめです。被毛を傷める恐れがあるので、人間用の強いシャンプーは使わないように。

Papillon

## ブラシの種類

●ブラシ……ナイロン製のブラシは静電気が起きやすいので、獣毛のものを用います。ツヤが出る豚毛がおすすめ。

●コーム（くし）……おもに金属製で、切り込み式と植え込み式の2種類がありますが、毛の通りがよい植え込み式のほうがおすすめ。細目と粗目が半々になったタイプもあり。

●ピンブラシ……先を丸くした金属製のピンが植え込まれていて、被毛への負担が少ないブラシ。シャンプー後の仕上げに便利です。

●スリッカーブラシ……細い針金のようなピンがたくさん植え込まれています。換毛期に抜け毛を取り除いたり、もつれた毛や毛玉をほぐすときに使います。

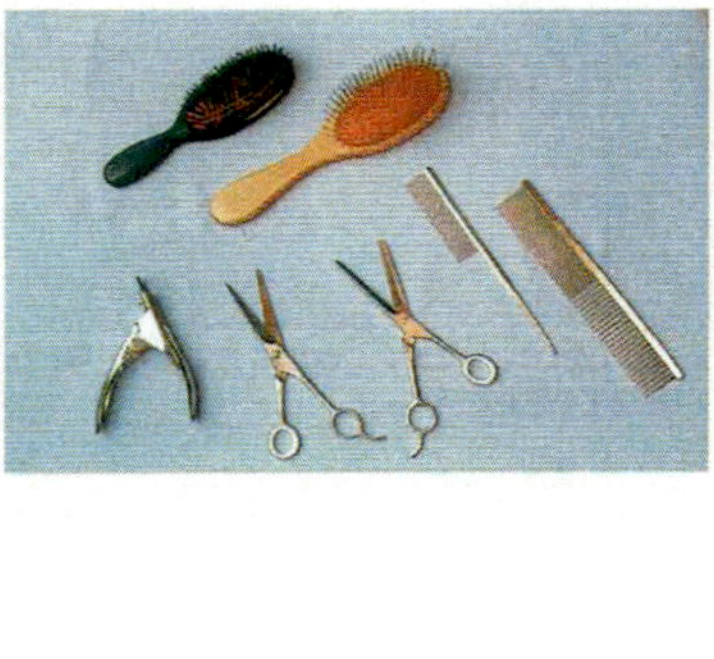

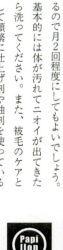

# シャンプー嫌いにさせないためのコツ

事前に被毛全体をブラッシングして、もつれや毛玉をなくしてからシャンプーに入ります。シャンプー、コンディショナー、タオル、ドライヤーなど必要なものは前もって揃えておきましょう。

シャンプー前に肛門腺を絞ります。肛門のつけ根をつまむようにして絞ると、不要となったニオイの強い液が出てくるので、あとはお湯で洗い流してください。

バスルームでは、足を滑らせないよう床にマットを敷き、その上に子犬を立たせます。シャンプー初体験の子犬は、たいていシャワーのお湯に驚き怖がってしまうため、まずは洗面器にお湯を張って足を浸しながら慣らしていくとよいでしょう。次に、シャワーを足元からかけていきますが、なるべく水圧や音を感じないようにシャワーヘッドを体に近づけて行います。子犬に声をかけて安心させながら、お尻、背中、首へとかけていきますが、顔や耳にはお湯がかからないように注意しましょう。温度は熱すぎず冷たすぎず、38度くらいを目安にします。

被毛全体が濡れたら手でシャンプー剤を泡立て、足、お尻、背中、お腹、首の

【1】　グルーミング前

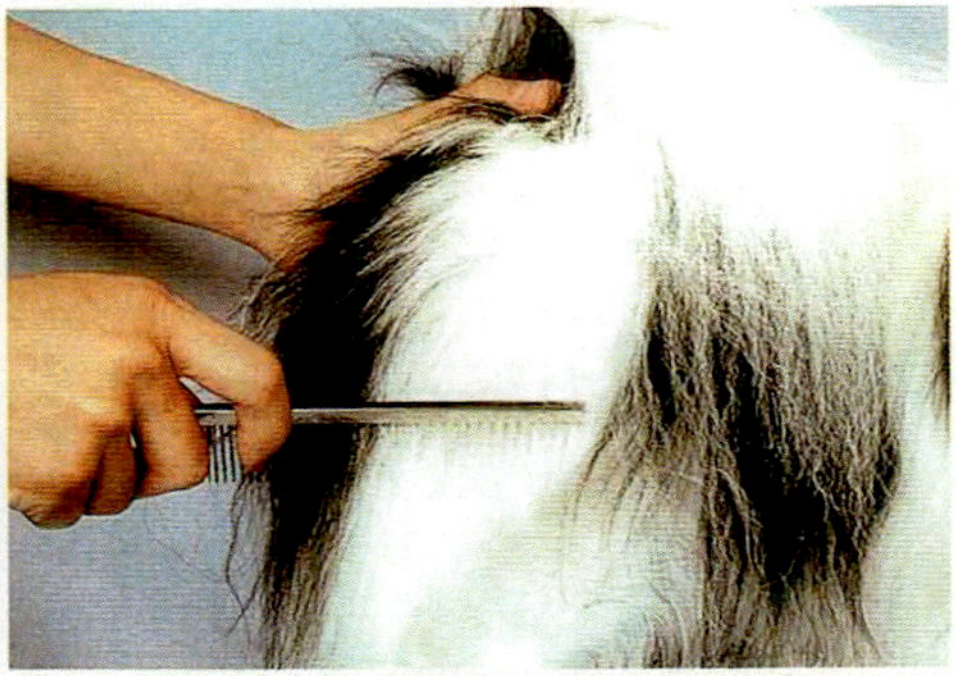

【2】　ベイシィング（洗い）前にまず、お尻の方より、丁寧にコーミングを始めていきます

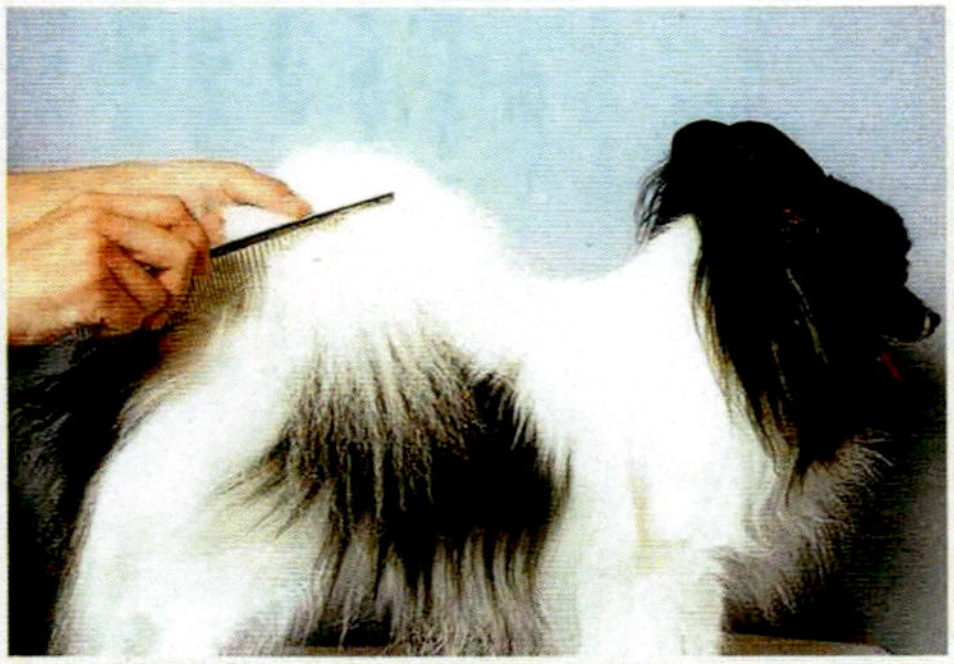

【3】　尾は付根より先端に向かってコームを入れていき、毛のほつれを完全にほぐします

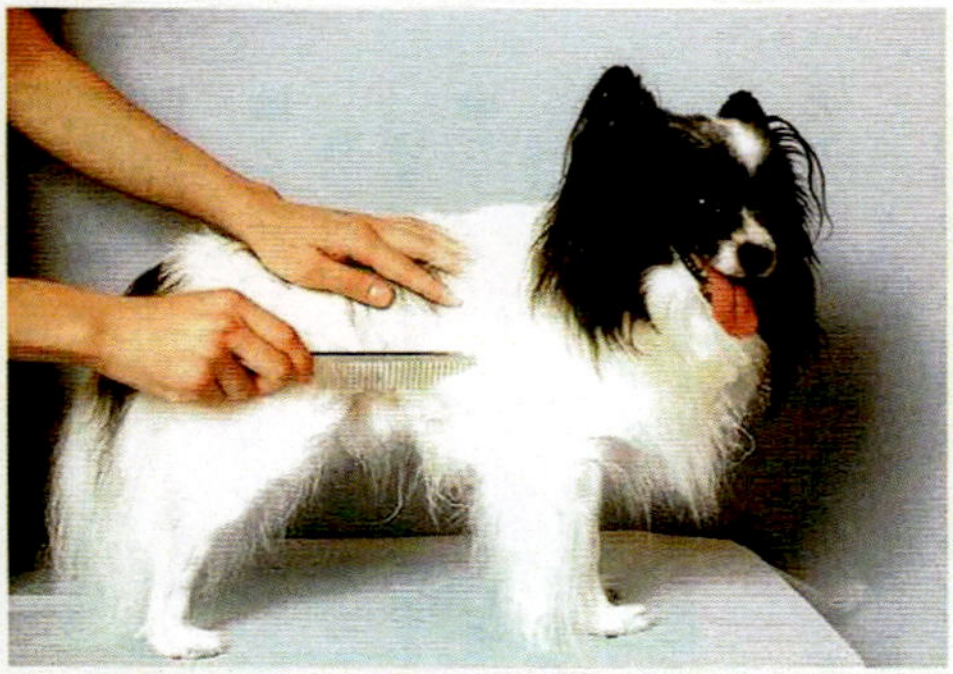

【4】　ボディの両サイドの被毛を、下から上へじょじょにとかし上げている

順に洗っていきます。顔と耳の内側はお湯にひたしたガーゼで汚れを優しくふき取り、終わったら、シャンプー剤が残らないよう十分にすすぎましょう。シャンプー剤が残っているとフケやかゆみの原因になります。首周りの高い位置からすすぎ始めると泡切れがよいようです。

場合によっては、シャンプーの後にコンディショナーを使います。被毛に塗ってしばらくの間なじませ、その後に洗い流しますが、種類によってはすぐに洗い流すもの、洗わなくてもよいものなどもあります。容器に書かれた使用法をよく読んでおきましょう。

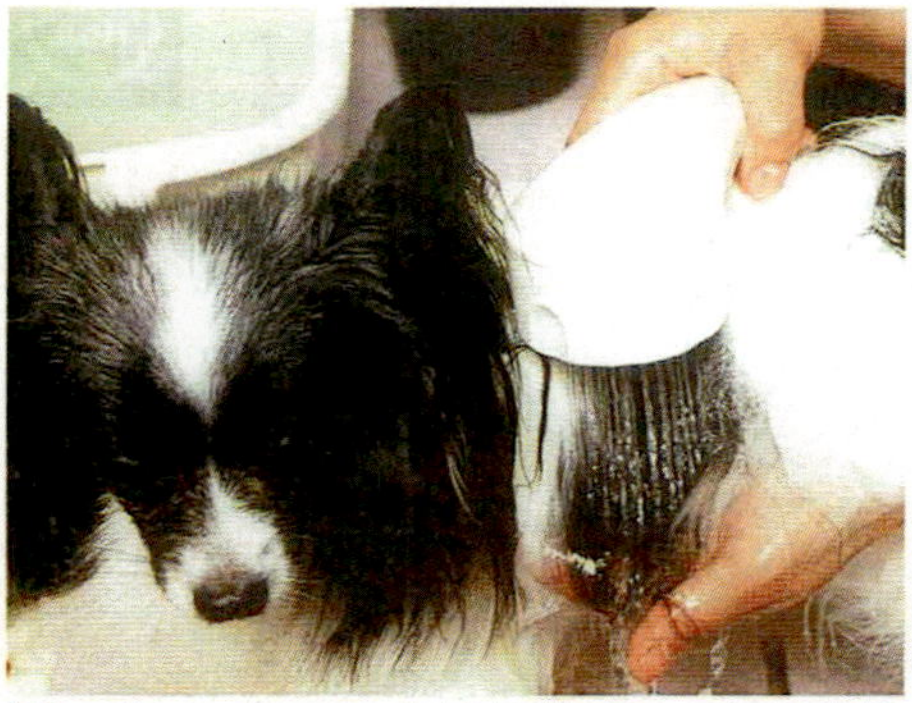

【7】 ブラッシング、コーミングが完全に終ったら、ベイシィング（洗い）に移ります。全身のコート（被毛）まんべんなくシャワーをかけ、シャンプー前の余分な汚れを流します

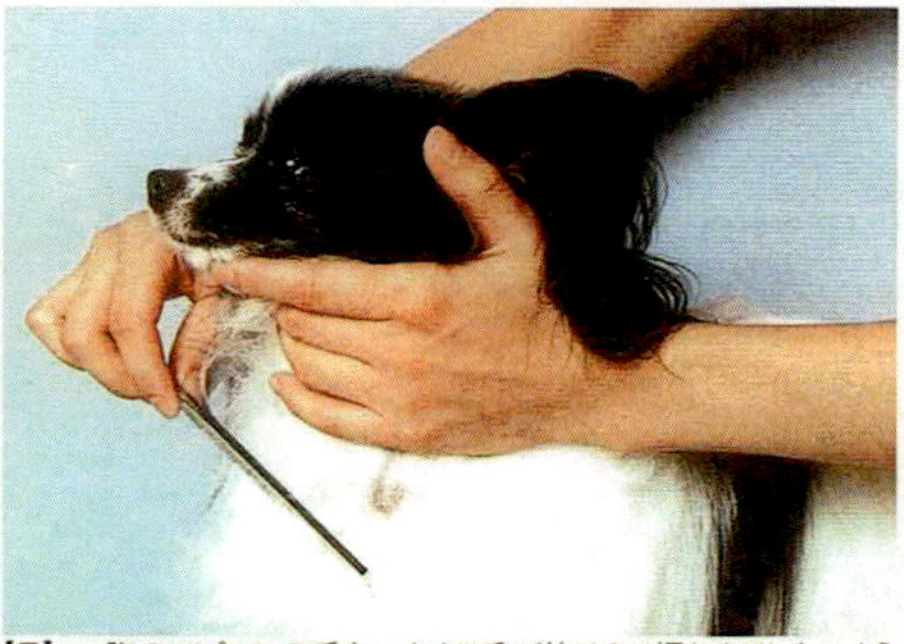

【5】 胸のエプロンの毛も、あまり毛が抜けたり切れたりしないように注意しながらブラッシングしていきます。前肢フェザーもいっしょにとかします

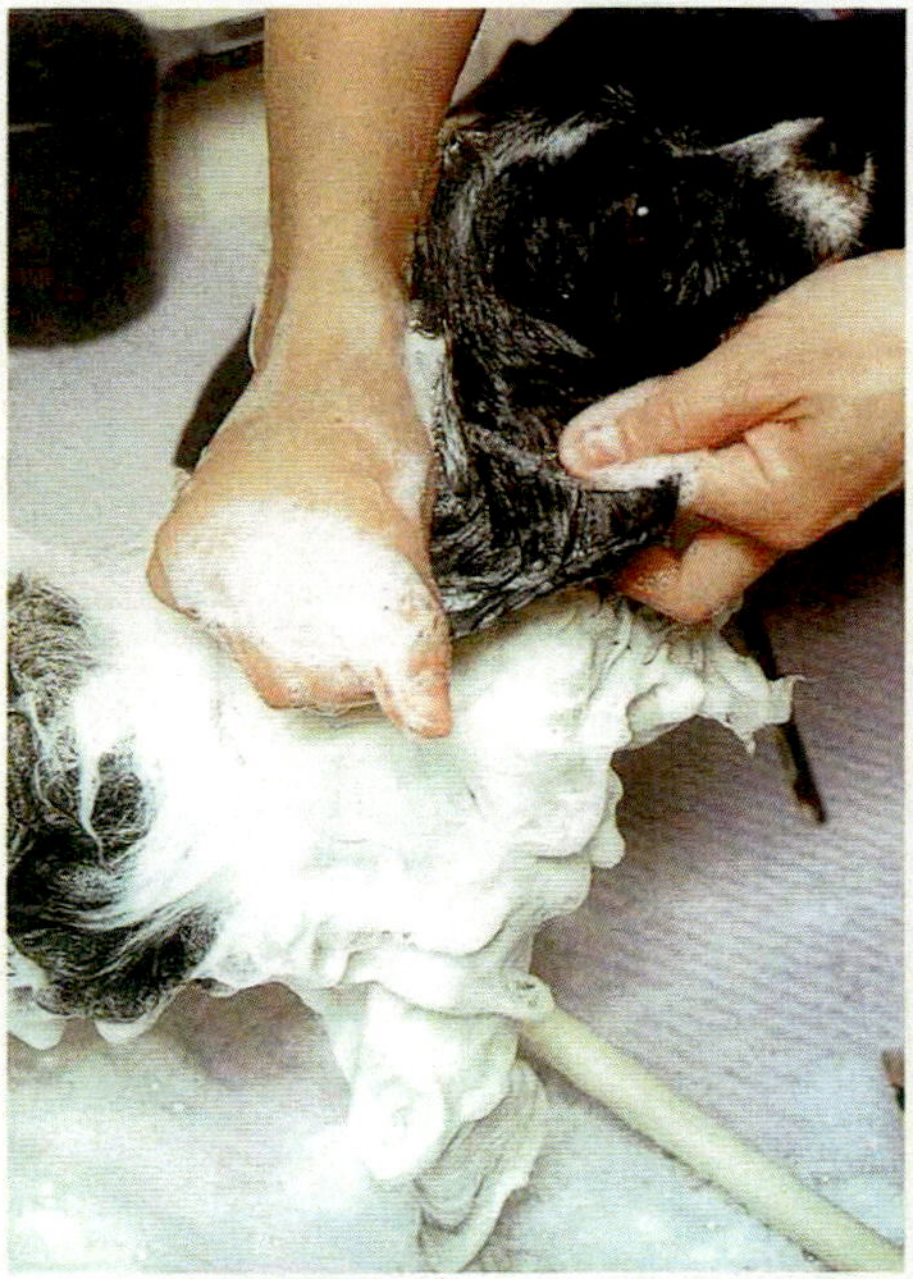

【8】 シャンプー剤をつけ、洗っていきます。耳の内側は特によく洗います

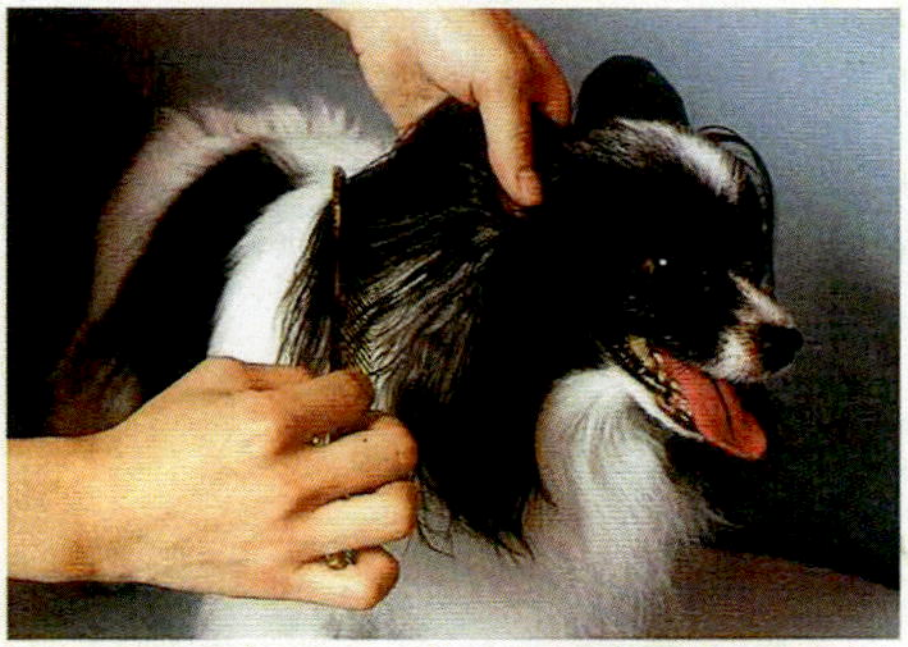

【6】 耳の飾り毛は、とくに切れやすいので毛を切らないよう細心の注意をはらってとかします。耳の内側も丁寧にとかしましょう

Papillon

## 上手な乾かしかたを覚えよう

すすぎ終わったら、子犬をタオルで包み、こすらず押さえるようにして被毛の余分な水分を拭き取ります。湯冷めをさせないためにも、すぐに暖かい部屋へ移しましょう。ドライヤーを使う際には火傷をさせないように温度に注意し、適度な距離を保ちながら手を使って被毛の根元のほうへ風を当てます。顔や睾丸に直接風を当てないように注意してください。

おおむね乾いてきたら、今度は上の毛をめくり、下の毛から順にピンブラシを使ってとかしながら風を当てます。被毛が縮れず、まっすぐに仕上がることが理想ですが、慣れるまでには多少時間がかかるでしょう。最後に全体の毛並みを整えて終了です。

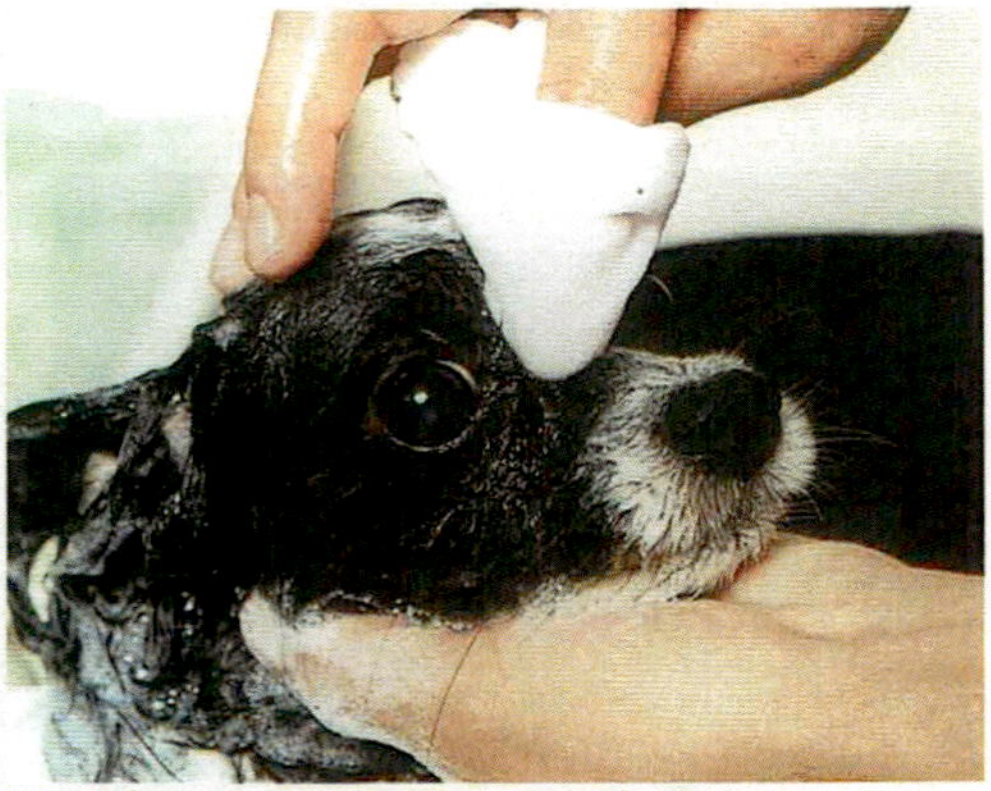

【9】 顔、目の周囲の毛はガーゼにシャンプー剤を含ませて、目に液が入らないように注意しながら洗います。

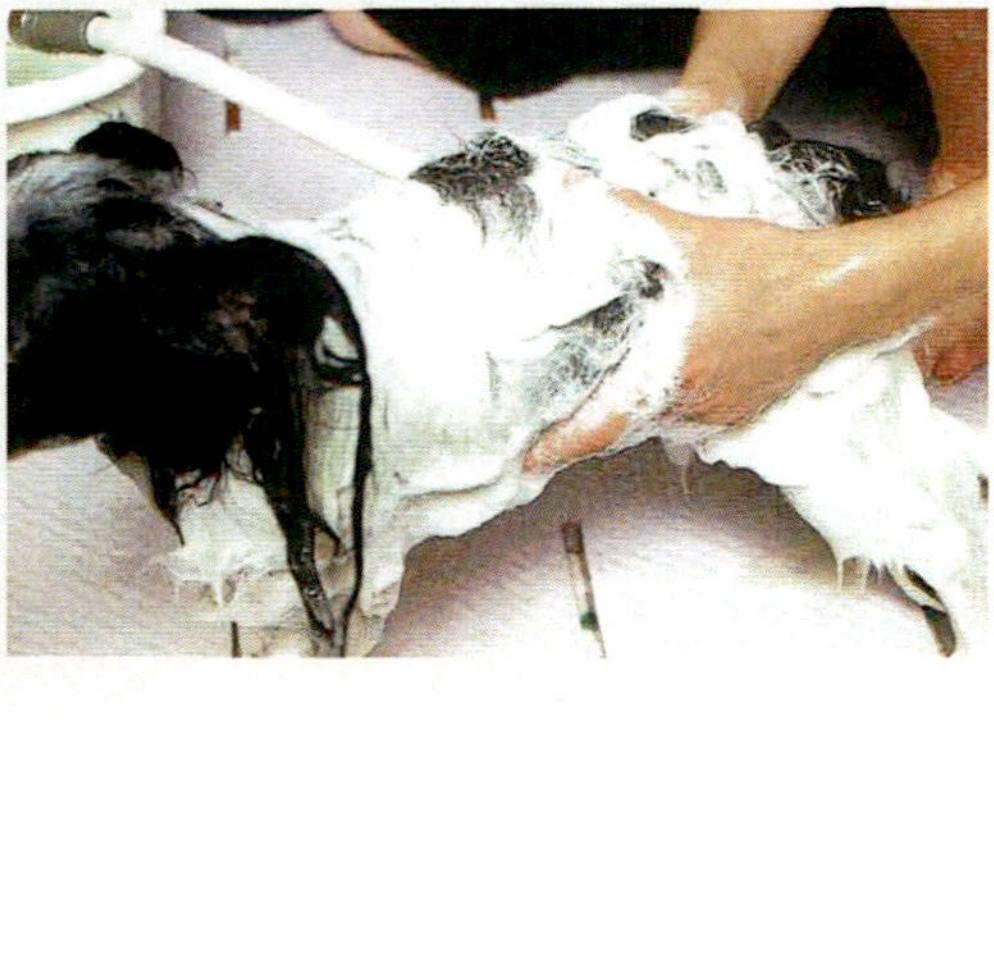

【10】
次にボディを洗っていきます。シャンプーは2度行い、最後にリンスをし、毛が痛んでいるようであれば、トリートメントをします。

【11】 すすぎをしっかりと行い、水分をよく切った所で、犬を台の上に乗せます。

【12】 タオルで残りの水分もしっかり吸い取ります。

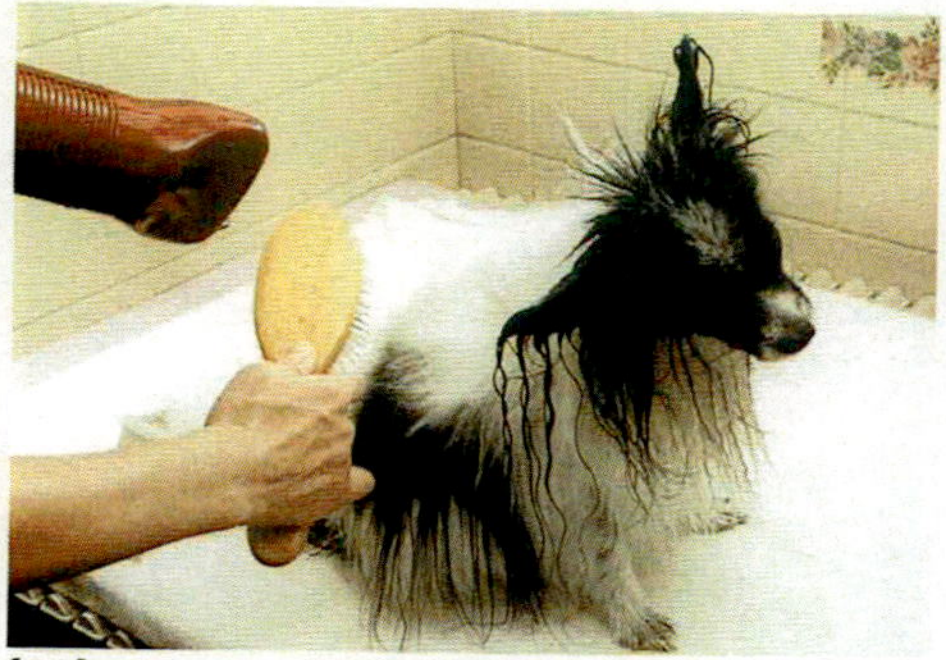

【13】 ドライヤーで、毛の根元に温風が当たるようにし、完全に乾かします。

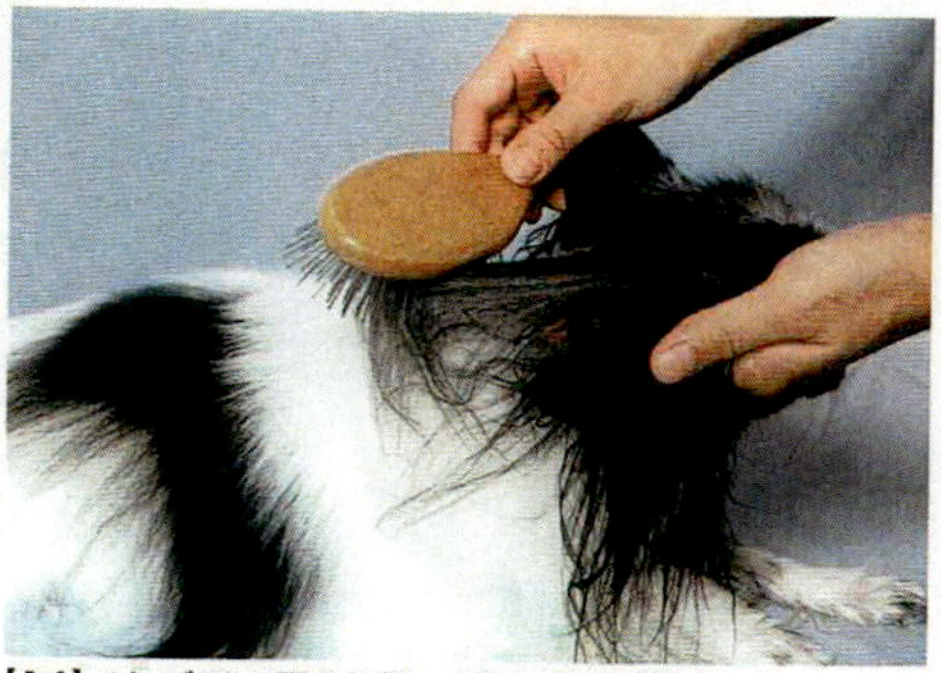

【14】 ピンブラシで耳の外側・内側を丁寧に乾かします

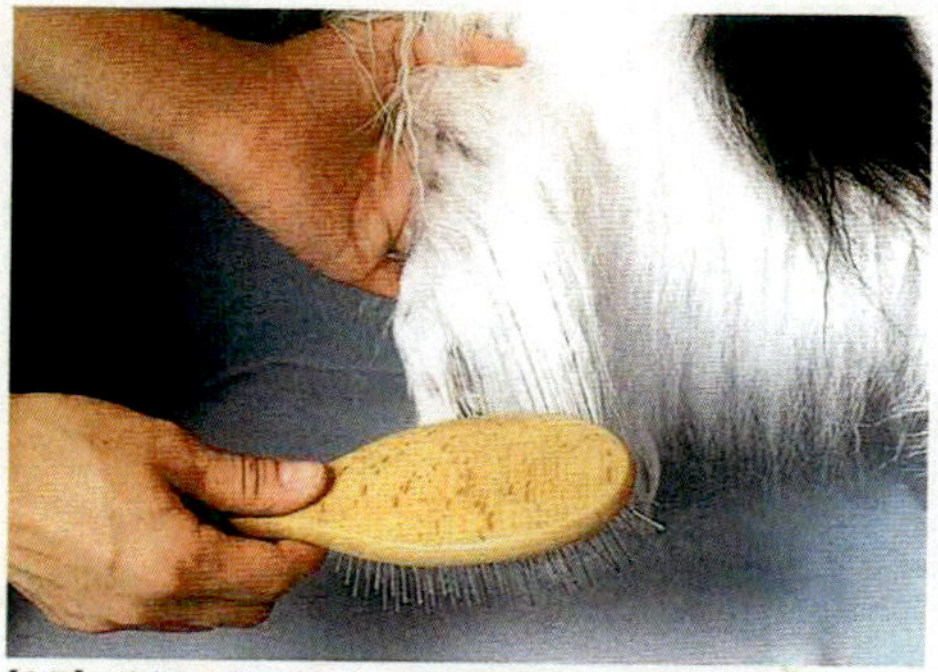

【15】 後躯（犬の後部）を乾かします。大腿部から尻にかけて豊富な被毛におおわれていますので、乾き残しがないよう念入りにドライングします。

【16】 前肢の飾り毛を乾かします。前肢前面の短い毛も手抜きせず、完璧にドライングします

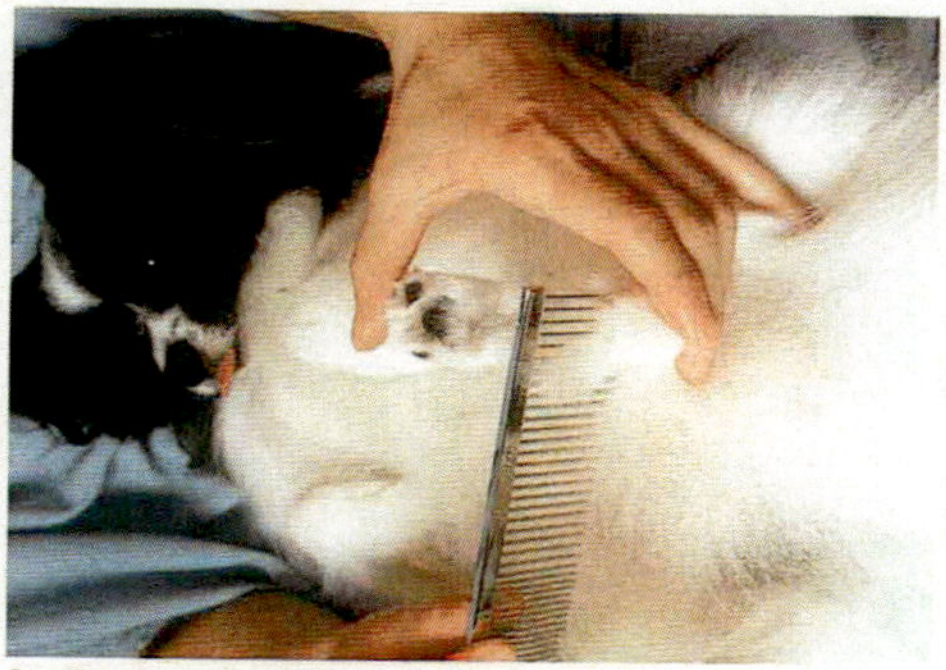

【17】 ドライングが完全に終ったところで、被毛の手入れに移ります。まず後肢の飛節から下の毛をコームでやさしくとかし上げます。この場合、台の上より自分の膝の上で手入れしてあげると良いでしょう。

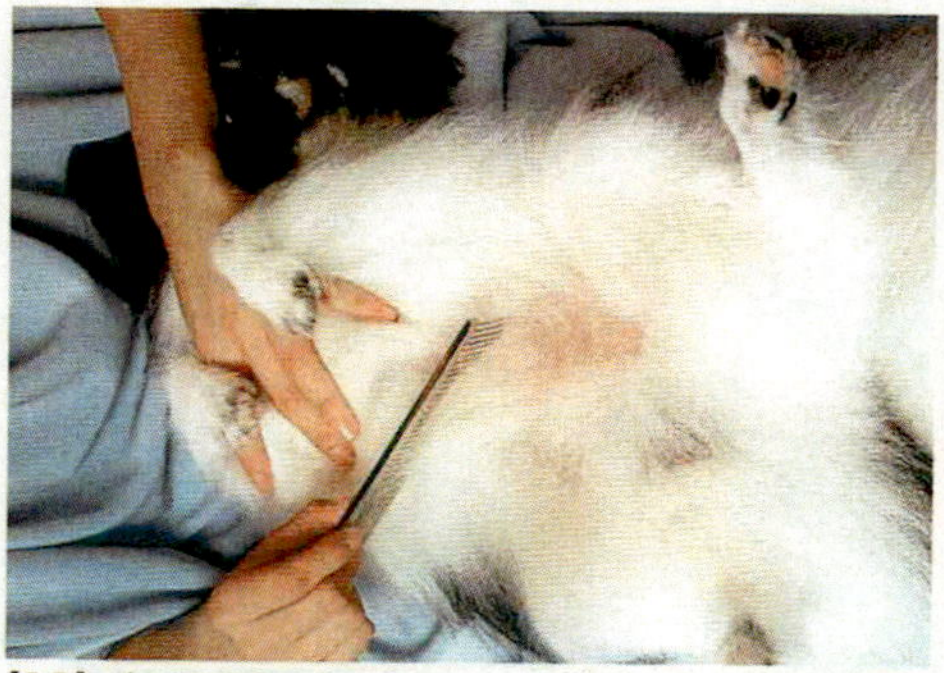

【18】 次に下腹部から、胸にかけて一列ずつ毛を分けながらコームを入れていきます。

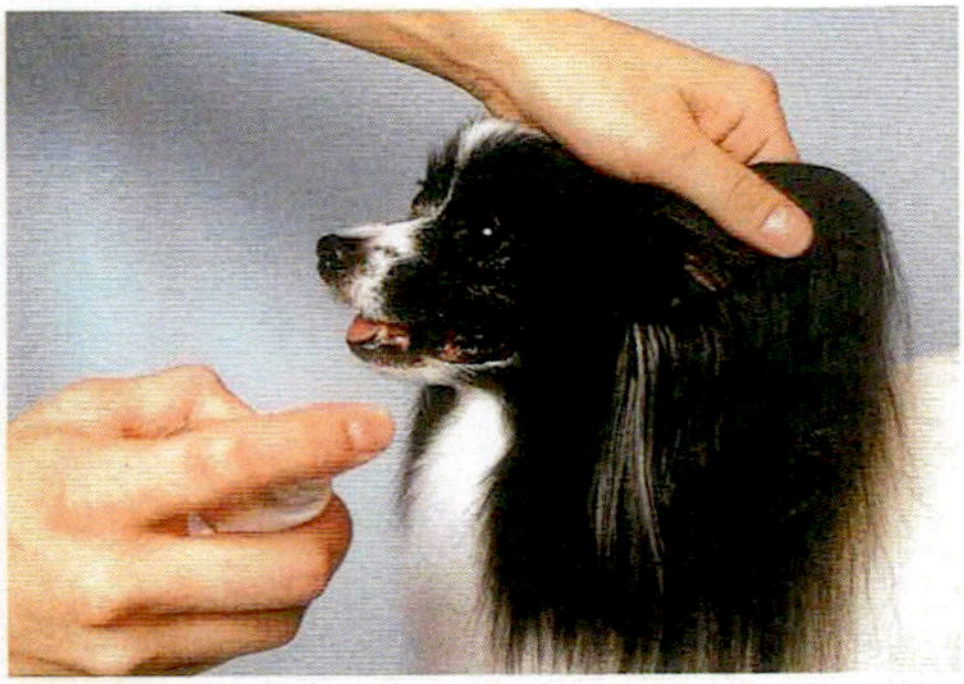

【19】耳の飾り毛は、大変細く切れやすいため、ブラッシング前にスプレー（静電気防止）をかけます。

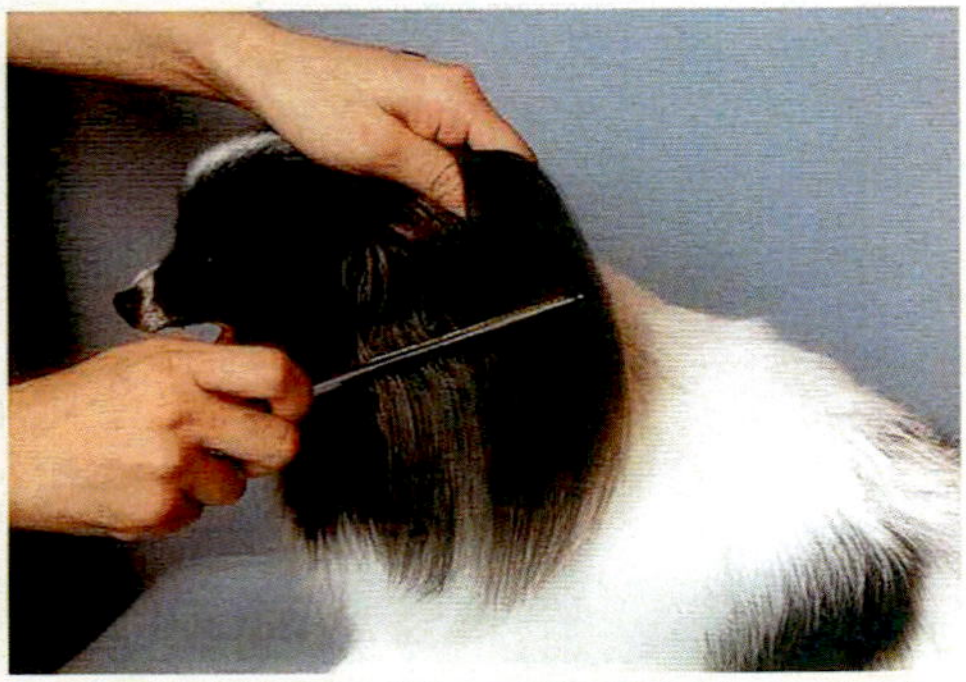

【20】やさしく丁寧にゆっくりと、耳の飾り毛をブラッシングします。

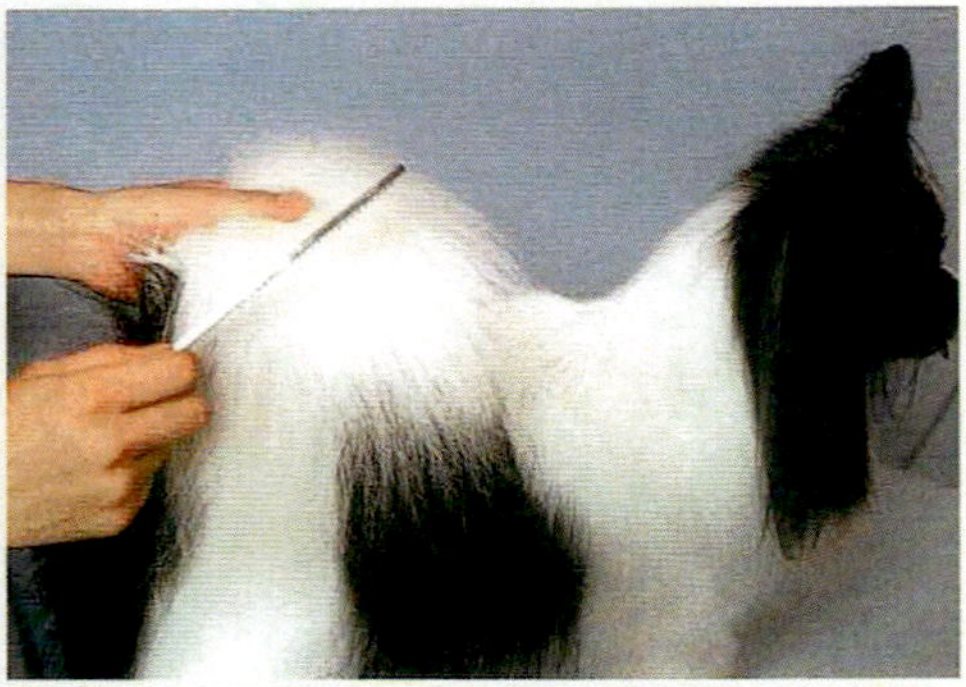

【21】尾も、パピヨンのシルエットを形作る大切な要素の一部です。コームがスムーズに通るようになるまでブラッシングします。

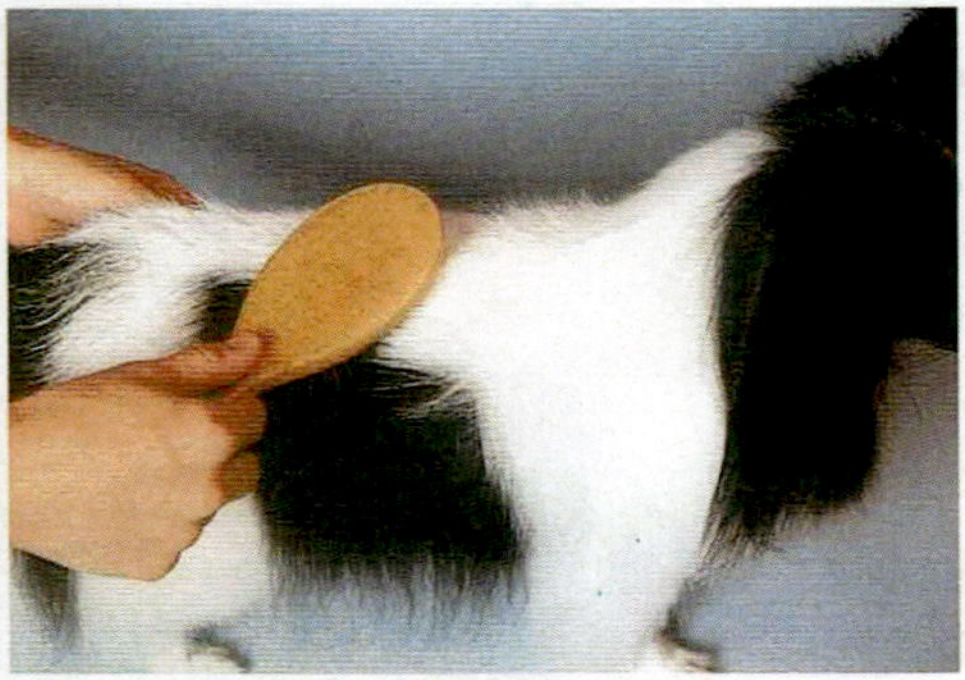

【22】尾の付根からキ甲部に向かって背中をブラッシングしていきます。

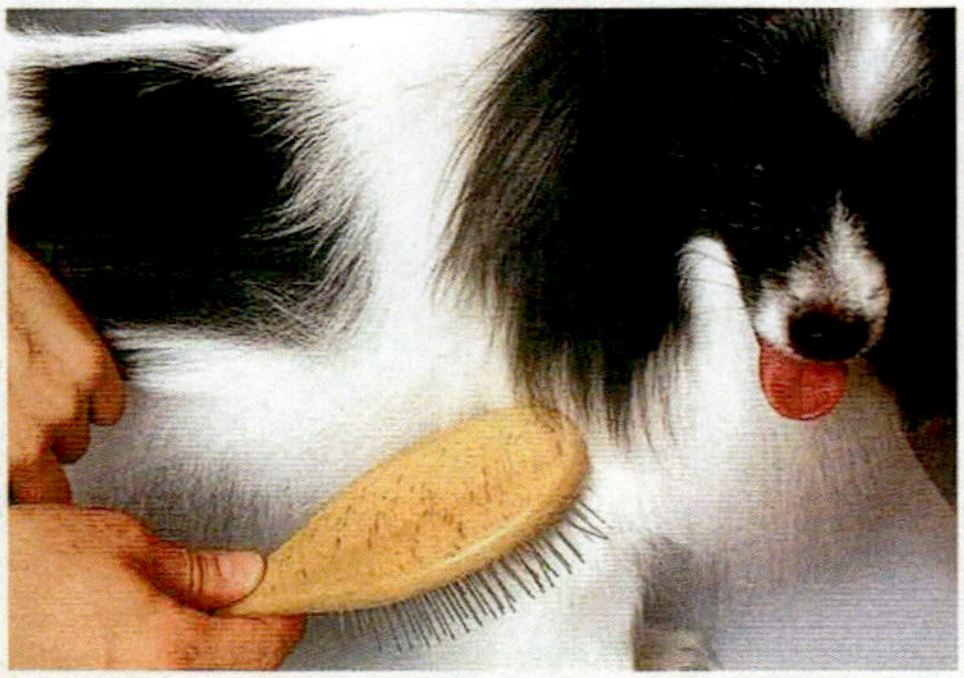

【23】肩から前肢にかけてブラッシングを行いスマートで美しいラインを作ります。

【24】次に胸の飾り毛の手入れを行います。ここはボリュームが出るように心がけながら丁寧にブラッシングします。

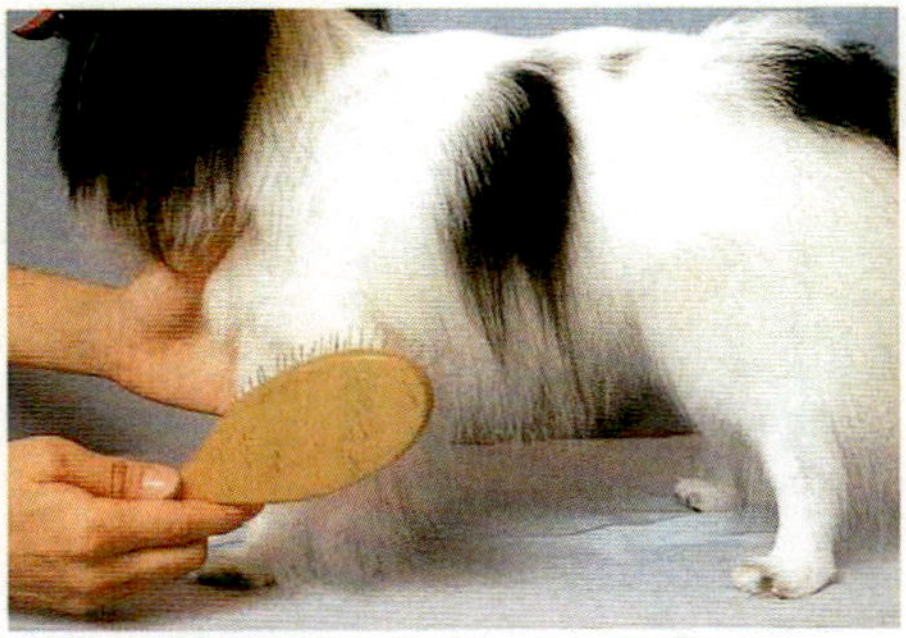
【27】 前肢飾り毛の仕上げのブラッシングを行います

【25】 全体のシルエットを考えつつ、胸のブラッシングをします

【26】
後躯のシルエットを整えます

【28】 グルーミング完了後

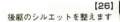

Papillon Q&A

## Q トリミングは必要？

### A 足裏の毛を定期的にカット

パピヨンは自然な状態が好まれる犬種であるため、全身のトリミングは行いません。ただし、足裏の肉球からはみ出した毛は足を滑らせる原因になるため、定期的にカットします。シャンプー後には伸びすぎていないか必ず確認しましょう。肛門の周りの毛も排泄物がこびりついて不衛生にならないように時々カットしてあげます。

Papillon Q&A

## Q 子犬が怖がらない爪の切り方は？

### A 体を抱え、安定した状態でカットする

なにより、足や爪に触られて嫌がらない犬でなければなりません。遊びながら少しずつ足や爪を触って慣れさせていきましょう。嫌がるからといって放っておくと、巻き爪となってパッドにくい込み、その痛さから歩き方が乱れたり、健康を害することもあります。シャンプー後には必ず爪の状態をチェックして、伸びすぎていたら切るようにしましょう。

爪を切るときには犬専用の爪切りを使い（ペンチ・タイプまたはギロチン・タイプ）、犬が動いて思わぬ事故にならないよう、犬の体を抱え込むように安心させた上で固定して行います。片足をグイッと持ち上げて切ろうとすると、犬は怖がって逃げ出す恐れがあるので、不安定な状態でのカットは避けてください。また、深爪をして神経まで切ってしまうと、痛い思いをして次から嫌がるようになります。慣れないうちは、ほんの少しずつ、頻繁に切ってあげるのも方法です。万一、失敗して血が出たときには止血剤をつけましょう。

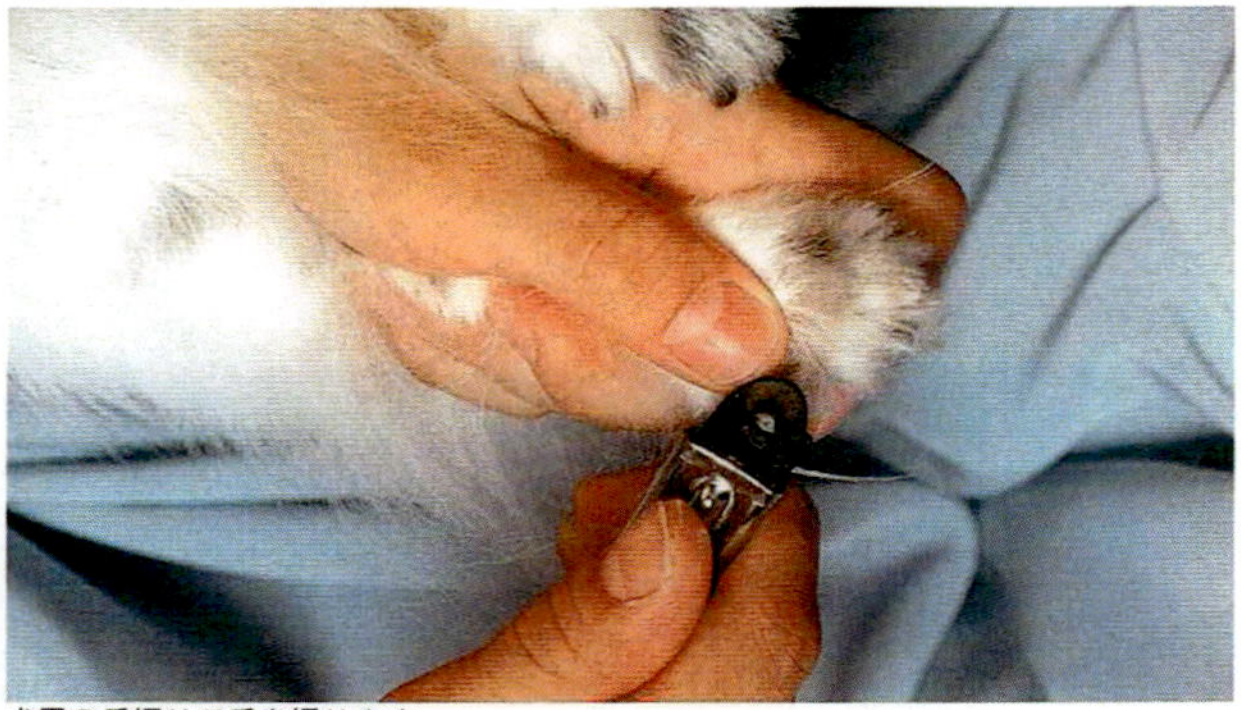
犬用の爪切りで爪を切ります。

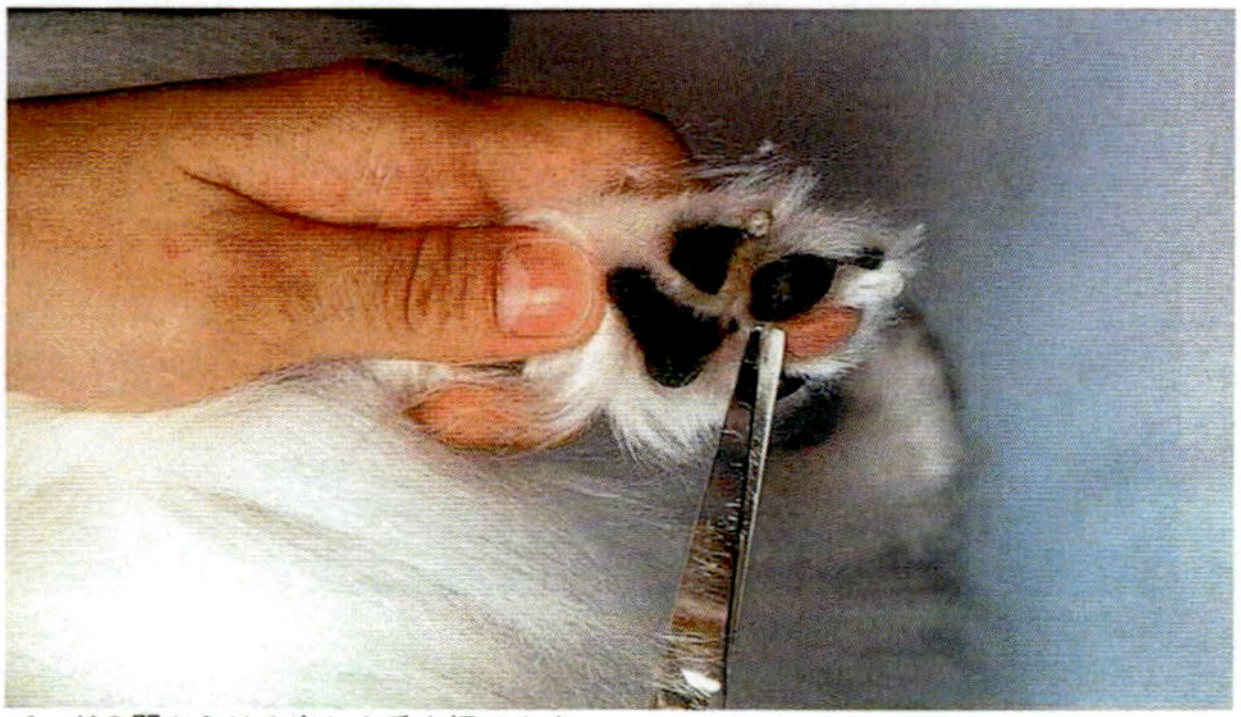
パッドの間からはみ出した毛を切ります。

Papillon

## 体の各部の手入れ

●耳……パピヨンは立ち耳の犬ですが、耳の周囲に飾り毛が密生しているため、意外と中がむれやすいのです。雑菌の繁殖を防ぐためにもマメな手入れが必要です。シャンプーのたびに、ベビーオイルかイヤーローションなどをつけた綿棒で中の汚れを拭き取ってください。粘膜を傷つけないためにも強くこすらず、優しく回しながら行いましょう。耳をしきりにかいたり、耳に触ることを嫌がったり、ニオイが強い場合には獣医さんに相談してください。

●目……パピヨンには、目の周りの白い被毛が薄茶色に変色し、シミのようになってしまう涙焼けの症状が出やすいようです。こんなときには専用の洗浄剤を脱脂綿かガーゼに含ませ、その部分を目の下に向かって拭き取ります。もう一方の目には、新しいガーゼを使うようにしてください。また、小型犬のパピヨンは地面からの距離が低いため、比較的ゴミやホコリが目の中に入りやすいもの。散歩の後には必ず目の中を確認し、異物を見つけたら、ホウ酸水か眼薬で洗浄します。ただし、眼球が傷ついていたり、黄色い粘り気のある目ヤニが出ているときには獣医さんのもとへ。

●歯……子犬のうちから口に触ることに慣れさせ、歯磨きを習慣化させしてしましょう。ガーゼを指に巻き付けて、歯茎から歯の先に向けてひとつひとつていねいに歯石を取っていきます。犬専用歯ブラシ（または子供用のやわらかいナイロン歯ブラシ）を使ってもかまいませんが、指のほうが操作はしやすく、犬もあまり抵抗を感じないようです。歯石がこびりついて簡単に落とせないときにはスケラーを使いますが、歯茎を傷つける恐れがあるので、素人

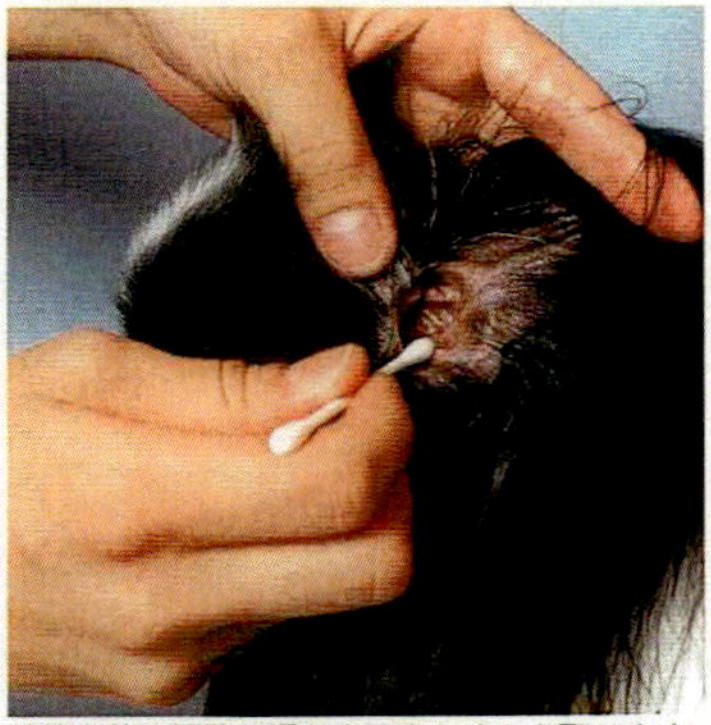
綿棒を使い耳孔の汚れをやさしくふき取ります。

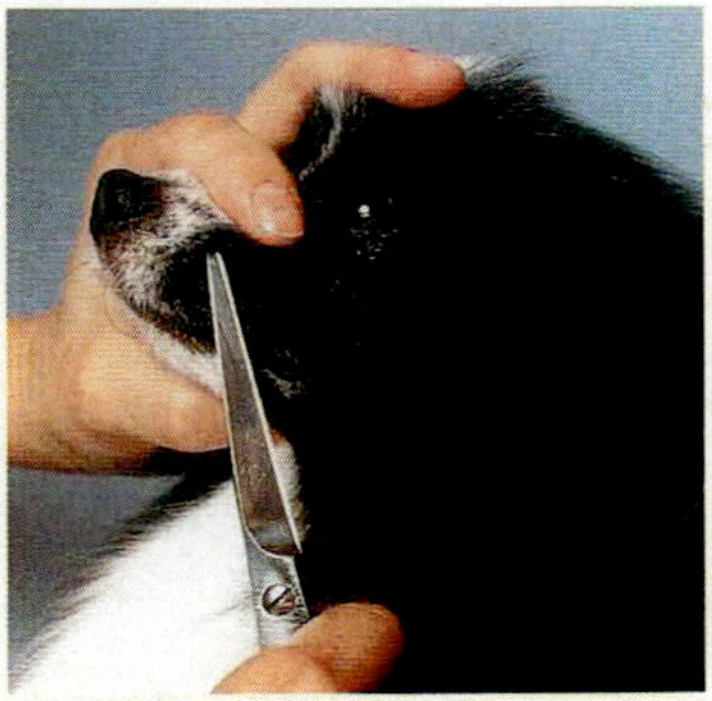
口の周囲のヒゲをカットします。

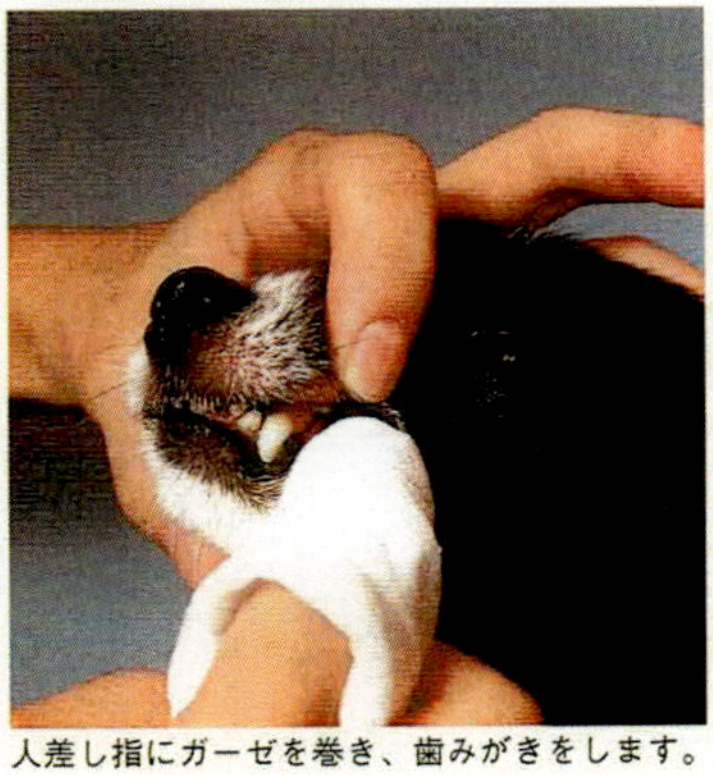
人差し指にガーゼを巻き、歯みがきをします。

がやるよりも獣医師に頼んだほうが無難です。歯を丈夫に保つためには、日頃のケアはもちろん、なるべく硬いフードを食べさせたり、オモチャや牛骨をかじらせて歯垢を除去したりすることも大切です。

●肛門……肛門腺からは排便やマーキングのときに自分の匂いをつけるための分泌液が出ますが、マーキングする機会の少ない室内犬は、時間が経つと分泌液が溜まり、細菌に感染しやすくなります。そこで、シャンプー時などに飼い主が肛門腺をチェックして、不要な分を絞り出してあげる必要があります。また、肛門の周りの毛は排便がこびりついて汚れやすいので、定期的にカットしてあげます。雄の場合、足をあげてオシッコをする習性があり、お腹の被毛が変色したり濡れたりすることがあるので、清潔を保つためにも度々拭いてあげましょう。

**肛門線の絞り方**

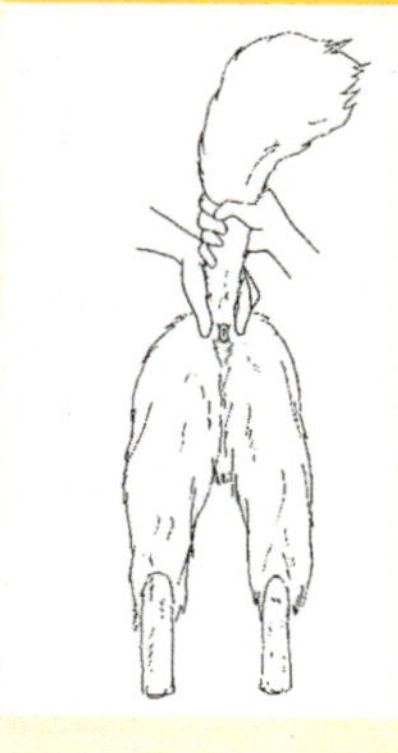

# 第 7 章

# 成犬・老犬の食事の与え方

Papillon Q&A

## Q 健康的な食生活を送らせるポイントは？

### A 食事の基本は規則正しく与えること！

愛犬が健康で長生きするためには、規則正しい食生活を送らせることがいちばんです。栄養バランスのとれた食事を決まった時間、決まった場所、決まった分量、決まった器で与えるように徹底し、子犬のうちから正しい食習慣を身につけさせましょう。いつでも飲めるように新鮮な水を用意することも忘れてはいけません。

気をつけなければならないのが、間食の与えすぎです。とくに人間の食事をねだられるままに食卓から与えることは絶対にしないでください。人間と犬では必要な栄養素や比率が違う上、味付けが濃すぎて肝臓に負担をかけたり、犬に与えてはいけない食材があったりと問題は多いもの。さらには、一度もらって味をしめると次からうるさく催促する行儀の悪い犬になってしまいます。ただし、犬用ジャーキーや犬用クッキーであれば、しつけのごほうびとして肥満にさせない程度の量をわきまえれば与えてもかまいません。

食器は愛犬の耳の毛が器の中に入らないように注意し、空き箱などを利用するなどして、胸骨の高さに置きましょう。

Papillon Q&A

## Q ドッグフードは種類がいっぱい。何をポイントに選んだらいい？

### A 成長期に合わせ、なるべく高品質なものを

ドッグフードには離乳食用、幼犬用、成犬用、老犬用などの種類がありますが、パピヨンの場合、基本的に生後10ヶ月くらいになったら成犬用フードに変えていきます。成犬用フードには小型犬用と大型犬用のものがあるので、小型犬用をおすすめします。ただし、家庭犬よりも体力を使うショードッグの場合は、運動量と消費カロリーを考えて、高タンパク高カロリーのフードを与えてもよいでしょう。

成犬の食事に関しては、子犬や老犬ほど難しく考えなくてもいいのですが、ドッグフードなら何でもいいというわけではありません。現在、市場に出まわっているフードは非常に多種多様で、味やカタチなど愛犬の嗜好に合わせて選ぶことができる一方で、品質や値段もまちまちです。安価だからといって原料が悪く、添加物も多いフードを与え続けていると、愛犬が健康を害し、結果的に高額な医療費がかかってしまうことにもなりかねません。ですから、できるだけ高品質なフードを選ぶようにしましょう。

また、買う際には製造年月日のチェッ

クも忘れないでください。小型犬のパピヨンは食べる量が限られています。ドライフードであれば保存はききますが、お買い得だからといって大袋を買い込むと、いつまでも食べ切ることができずに湿気てカビが生えたりして劣化させてしまいます。鮮度を保つためには、商品回転率のよい店で小袋をたびたび買い足すようにし、品質保持期間に関わらず開封後はひと月ほどで食べ切るようにしましょう。

Papillon Q&A

## Q 飽きずに食べさせ続けるコツは？

### A ときには好物を混ぜて与える

食事は、総合栄養食であるドライフードや冷凍フードを主食とし、週のうち3日ほどはビタミンやカルシウムを混ぜて与えても良いでしょう。ドライフードは水分が含まれていないためにカリカリとした固さがあり、犬の歯やあごを強くする上、歯石除去にも役立ちます。栄養バランスを保つためにもそのまま与えることが理想ですが、味覚や風味の点で飽きてしまうことも。そんなときにはモイストタイプあるいはウエットタイプのフードを混ぜて与えてもよいでしょう。モイストタイプは水分量30％ほどの半生状のフードで、ウエットタイプは水分量75％ほどの缶詰またはレトルトのフード。これらは嗜好性が高く犬は好んで食べますが、ドライフードに比べると栄養バランスに欠け、カロリーが高いので与え過ぎに注意しなければなりません。

愛犬がよく食べてくれるからといって、フードの混ぜる配分を嗜好品（モイストタイプあるいはウエットタイプ）に傾けてしまうと、偏食となりドライを受けつけなくなったり、栄養バランスを崩したり、肥満になったりとさまざまな問題が出てくるので注意しなければなりません。あくまでもドライフードがメインであることを念頭におきましょう。

## Papillon 工夫を凝らした手作りメニュー

飽きさせずに毎日の食事を摂らせるには、鶏肉、牛肉、羊肉などその日によって変えてみるのもいいでしょう。消化器官が発達した成犬であれば、時には手作りご飯を与えてみてもかまいません。動物性タンパク質の肉類、食物繊維やビタミンが含まれた緑黄食野菜などを調理し、細かく刻んでご飯やパンと混ぜるとよく食べます。ただし、中毒を起しやすいネギ類、消化の悪いエビ、イカ、タコ、貝類は絶対に与えないでください。骨付きの鶏肉は、誤って骨を食べてしまうとノドにささったり内臓を傷つける恐れがあるので、きちんと取り除いてから与えましょう。人間用の加工食品も塩分や添加物の問題から避けたほうが無難です。犬の肝臓に負担をかけないためにも、香辛料、調味料は使わずに調理することが基本です。ちょっとした工夫で、愛犬も喜んでくれるはずです。

⇦Papillon

Papillon Q&A

## Q 「なんだか最近太りぎみ？」さあ、どうしよう。

### A 生活習慣を見直し、安易な食事制限は避ける

なぜ太ってしまったのか、日頃の生活習慣を振り返ってみましょう。問題は犬にではなく、飼い主の育て方にあるのです。たとえば、可愛さあまって家族が食事中におすそわけをしていたり、犬が満腹の状態でオヤツを与えていたり、あるいは十分な運動をさせていないなかったりと、さまざまな原因が考えられます。そういった原因を明らかにした上で改善していく努力をしましょう。

愛犬が肥満気味だからといって、素人判断で食事制限をすることは避けてください。栄養失調を起して健康を害する恐れがあります。食事の量が気になるときには、必ず主治医に相談しましょう。診断を受け、必要であればダイエット用フードを処方してもらい、カロリー・コントロールをします。

飼い主の中にはパピヨンの体形を小さく維持するために、わざわざ食事制限をする人もいるようですが、体の大きさはもって生まれたものであり、食事の量が影響することはありません。むしろ、栄養が十分でないために被毛の質が落ち、病弱な体になることのほうが問題であることを理解してください。

Papillon Q&A

## Q 老犬用フードは何歳くらいから？

### A 7〜8歳を過ぎて運動量が落ちてきたら

パピヨンは長寿な犬種で、年をとっても元気ハツラツと飛び回っていることが多いものです。それでも7〜8歳を過ぎてくると動きが少しずつ鈍り、眠る時間が増えてきます。年をとったなぁと感じたら、必要な栄養素がバランスよく配合された老犬用フードに切り替えてください。一般的に、老犬用フードはカロリーが控えめで食物繊維が多く含まれています。

食事の回数は成犬時に1日1～2回だったものを2～3回に増やし、そのぶん1回の量を少なめにします。朝・昼・夕あるいは朝・夕・夜に与えます。老犬の食事で注意しなければならないのが肥満です。運動量は減りますが、食べることへの執着はこれまで以上に出てきます。欲しがるままに間食を与えると、さらに体重が増えて動きたがらなくなるといった悪循環に陥ります。肥満は心臓病や肝機能低下を引き起こす原因にもなるので、なるべく間食は与えないようにして、定期的な運動を欠かさないようにしましょう。

また、パピヨンには老犬になると歯を悪くする犬が多く見られます。歯を失ったり、獣医師に抜かれたりすると、たいてい飼い主はドライフードをふやかして食べやすい状態にしてから与えますが、必ずしもそうしなければならないわけではありません。なぜなら、歯が抜けて3週間ほど経つと、ハグキがかたまって硬いものが食べられる場合があるからです。食事の様子を観察し、食べ残しがないようであれば、歯の健康を保つためにもできるだけ硬いまま与えたほうがよいでしょう。

Papillon

# 犬にも食事のマナーを教えよう

食事のマナーはなるべく子犬のうちから覚えさせましょう。たとえば、食事が終わった直後に器をくわえて振り回し、オモチャにして遊ぶ犬がいます。そんなクセに対しては、食器を片手で押さえながら食べさせ、終わったと同時にすぐに片づけるようにします。

また、食器からこぼれたフードは拾い食いさせないこと。散歩時に拾い食いの癖をつけさせないためにも、食べようとしたら「ダメ」と強く制しましょう。

犬を複数飼っている場合は、別の犬の食器に顔をつっこむことがないかどうか、食べ終わるまで様子をみていてください。そういった行為をする犬がいたら、「ダメ」と叱ってすぐに自分の食器まで引き戻します。

食事を前にして「スワレ、マテ、ヨシ」の訓練をすることも大切です。器を見てすぐに飛びつく犬では行儀がいいとは言えません。器をかざしながら「スワレ」で座らせ、手のひらで犬の鼻先を制しながら「マテ」で10秒ほど待機させます。その後、「ヨシ」と言って食事を与えます。こういった訓練を日頃から繰り返し行うことによって、リーダーは飼い主であることを理解させるのです。

# 第 8 章

# 成犬・老犬の運動としつけ

Papillon Q&A

# Q 散歩の時間帯や運動量を教えて

## A 時間帯は臨機応変に、『散歩が大好き』だから1日2回、1回20～30分を目安

パピヨンは小型犬でも活発な方で運動量も比較的多く、外での運動や散歩は大好き。ワクチン接種が2回済んだら朝夕2回、1回 20～ 30 分くらい外に出してあげましょう。朝夕とはいえ、毎日決められた時間にきちんと連れ出す必要はありません。たとえば、日差しが強い夏場には、早朝かアスファルトの放射熱が冷めている日が暮れてからの時間帯を選び、気温の低い冬場には、日光浴を兼ねて日が高いうちに行うといったように、季節によって時間帯を変えましょう。

運動は、リードによる引き運動、公園内でのボールやオモチャを使った自由運動などを組み合せて行いましょう。引き運動は買い物ついでにブラブラ歩くだけでなく、犬の体づくりと健康維持も考えて、なるべく速度を出すようにします。数日おきにルートを変えてみたり、アスファルトだけでなく、じゃり道や石段、坂道など足元の感触にバリエーションをつけて行うと飽きることなく楽しめるでしょう。

自由運動は、自宅に庭があればリードを外して運動させましょう。自由意思に任せて動き回ることが、犬にとってはいちばんうれしいことだからです。公園や広場などの公共の場では、ロングリードを使うのもよいでしょう。たとえ小型犬でもリードを外すことはマナー違反となるため、絶対にノーリードにはさせないでください。

すばやい動きが自慢のパピヨンは、ボールやフライング・ディスクを投げて取ってくる遊びが大好きです。ただし、この遊びをする際には、万一のトラブルに備えて“呼び戻し”の訓練をマスターさせなければなりません。また、犬が走り回る範囲にガラスの破片や尖った木屑などが落ちていたら、ケガをさせないように拾っておく配慮も必要です。

Papillon

## 「呼び戻し」のしかた

飼い主に呼ばれたら、すぐさま足元まで駆け寄ってくる犬にしなければなりません。呼び戻しはしつけの中でも難しいものの一つですが、まずはオヤツを使って覚えさせるのが早道です。犬から離れたところに立ち、オヤツを見せながら「コイ！」と命令し、犬が戻ってきたら充分にほめてオヤツを与えます。何回か繰り返したのち、慣れてきたら、今度はオヤツがなくても愛撫を求めて戻ってくるようにしつけていきます。

次に、「スワレ、マテ」と命令し、犬に背を向けて離れていきます。追いかけてくるようなら、何度も「スワレ、マテ」と言い聞かせてください。数メートルの距離を置いたところで振り返り、しばらく「マテ」で静止させてから、「コイ」と呼び戻します。戻ってきたら充分にほめてあげましょう。

これらをマスターしたからといって、いきなりノーリードにはさせないように。いったんリードから放たれると、自由になった喜びから飼い主の命令など聞かず風のように走り去ってしまい、自分が納得するまで戻ってこない場合があるので注意しましょう。

Papillon Q&A

## Q 犬をまっすぐ歩かせるには?

### A 横に付いて歩かせる訓練をしよう

愛犬が思うように歩いてくれないという悩みをもつ飼い主は、意外に多いものです。ヨロヨロしながら犬に引っぱられている姿をたびたび見かけますが、これは犬が飼い主のことをリーダーと認めず、自分が先導したいという権勢本能が現れているのです。犬をコントロールせず、そのままの状態を許していると、拾い食いをしたり交通事故に遭ったり、あるいは他人に迷惑をかけたりと、いつトラブルに見舞われるかわかりません。

子犬が外の世界に慣れてきた頃を見計らって、「アトへ」の訓練を行いましょう。これは飼い主の歩調に合わせ、横に付いて歩かせるトレーニングです。犬は人の左側に位置させ、リードは右手にもちます。このとき、犬の首に負担がかからないようにリードの長さは多少たるみのある程度にしますが、足にぶつかって邪魔になるようなら適度な長さになるまで右手にたたんで持つようにします。そして、左手でもリードを握り、犬が先に出そうになったらリードをクイッと引いて首に刺激を与え、「ノー！アトへ」と命令しながら引き戻します。そばに付いたら「ヨーシ、ヨシ」と左手で包み込むように撫でてあげたり、オヤツをあげたりしてほめてあげます。犬が遅れをとるようなら、「オイデ」と優しく声をかけて呼び寄せてください。とにかく、歩きながらのこの繰り返しで教え込み、飼い主のひざ元に付いて歩けば何かよいことがあると思わせれば成功です。ごほうびを与えるときも決して歩みを止めず、体勢を低くして行ってください。引き戻すときは力を入れて引っ張らず、首に軽くショックを与える程度にします。嫌がる犬をズルズルと綱引きのように引っ張ることは何の意味もないどころか、首をひねって危険なので絶対にしないでください。

Papillon Q&A

## Q 拾い食いをやめさせるには?

### A 犬が食べ物を見つけたら、注意をそらす

犬はもともと地面をクンクンと嗅ぎながら歩く習性があるので、しっかりと「アトへ」をマスターさせ、ウロウロさせずにまっすぐ歩かせることがいちばんです。ただし、鼻が利く犬は道端に落ちている食べ物に気づきやすく、見つけたら、一

目散に駆け寄っていきます。そんなときには、すかさずリードを引いて「ノー」と叱るとともに、音のなるオモチャなどで気をそらしましょう。

また、マーキング行為のため電柱などに寄っていき、熱心に嗅ぎまわることもありますが、これも拾い食いと同じ方法で止めさせなければなりません。他の犬の排泄物に接して伝染病をうつされる恐れがあるからです。ノミやダニが付きそうな草むらへも入らせないようにしましょう。

# Q 他の犬に近づいていったらどうする？

## A 威嚇しなければ見守ってあげよう

その犬ごとの個性の違いはありますが、おおむねパピヨンはフレンドリーな性質。散歩に適した時間帯に公園へ連れていくと、他の犬たちに出会うことがありますが、そんなときパピヨンは尻尾を振って喜び勇んで駆け寄っていくでしょう。相手が大型犬であっても怖がることを知りません。ただし、大型犬の中には小さな犬にチョロチョロされることを嫌がる犬もいます。思わぬ事故にならないよう、初対面の大型犬に近づきすぎることは避けたほうがよいでしょう。もしも相手の犬に威嚇されたときには、すぐに愛犬を抱えてその場から離れ、必要以上に怯えさせないように「ダイジョウブ、ダイジョウブ」と優しく声をかけながら安心させてください。逆に、自分の犬が他の犬に対して威嚇しようとしたら、すかさずリードを引いて「ノー」と行動を制します。

　飼い主のなかには、ケンカを避けるために他の犬との接触を拒む人もいますが、犬同士で遊ぶ機会を多くもたせれば、それだけ社会性も身につきます。パピヨンと他の犬が少しずつ近づき、互いのニオイをクンクンと確認しはじめても、あまり神経質にならず見守ってあげましょう。

## アジリティーに挑戦

俊敏な動きとジャンプが自慢のパピヨンは、アジリティーが大得意。小型犬ながら大会で優勝した犬もいるほどです。

アジリティーとは、飼い主と犬がペアになり、ハードル、スラローム、ジャンプ台、タイヤくぐり、トンネル、シーソー、歩道橋、平均台などさまざまな障害物をクリアしながら、他の犬とスピードや完璧さを競い合う遊技です。これを行なうには、飼い主の言うことを犬が理解し、「マテ」「スワレ」「フセ」などの基本的訓練をマスターしていることが条件となります。

もちろん、それなりの設備が必要となりますが、わざわざ買い揃えなくても、自宅の庭にお手製の遊技台を作ったり、あるいは公園の児童用遊具（シーソー、すべり台など）を使って練習させてもいいでしょう。最近ではアジリティー施設が完備されたドッグラン（犬をノーリードで遊ばせる施設）もあり、注目されています。

愛犬と飼い主との信頼関係が試されるアジリティー。互いの気持ちをひとつに合わせることの奥深さを一度でも体験したら、もうやみつきになることうけあいです。

Papillon

## パピヨンと遊ぼう

パピヨンは飛んでいくものを取りにいく作業が大好きなので、広い場所で行うボール投げやフライング・ディスクはとても夢中になります。これらの遊びはパピヨンの体づくりやストレス解消だけでなく、飼い主とのコミュニケーションを深めるためにも非常に役立ちます。ただし、放っておけば楽しさにまかせて体力の限界まで遊び続けてしまいます。犬の様子を常に観察し、少し気が散ってきた時点で終了すること。投げるほうの飼い主はそれほどでなくても、犬のほうは想像以上に体力が消耗します。過度な運動は絶対に避けてください。

ボール投げは、まず犬の前でボールをちらつかせ、視線からそれないようにして遠くへ投げます。ボールが多少汚れていても、使い慣れたもののほうが犬は喜ぶので、頻繁に買い替える必要はありません。フライング・ディスクもボールと同じ要領で投げますが、独特の気体力学がはたらくため、ボールほど簡単ではありません。うまく飛ぶようになるまで、犬のいないところで投げる練習をするとよいでしょう。犬のことをすっかり忘れて、投げ手がフライング・ディスクを飛ばすことにばかり熱中してしまうと、犬はすぐさま遊ぶ意欲をなくしてしまいます。あくまでも犬のオモチャであることを頭においてください。

ボールやフライング・ディスクを追いかけていったはずの犬が、あらぬ方向へ逃げ出すことがあります。そんなときには決して後を追いかけることなどしないように。犬はおもしろがって、よけいに逃げていきます。名前を呼び、「コイ!」と呼び戻しましょう。それでも戻らないようなら音の出るオモチャやオヤツで気を引きつけます。当然ですが、ボールやフライング・ディスクを加えて戻ってきたら、思いっきりほめてあげてください。

# 第 9 章

# 季節ごとの飼育ポイント

# 春 季節ごとの飼育ポイント

## 食事　成長に合わせた栄養バランスのある食事を

冬の間に消耗した体力を整え、来るべき夏に備える季節なので、これまでよりもフードをやや多めに与えましょう。食事の回数は1日1～2回、時間を決めて与えるのがベストです。多めに与える場合には1回の量を増やすか、昼に軽い食事を与えます。いずれをとるかは犬の個体差によって判断してください。

食事の内容については季節による変化はなく、成長に合わせた栄養バランスを考えて、質のよいフードを与えるように心がけましょう。常に新鮮な水を添えることも忘れないで。

## 運動　心地よいそよ風を受けながら少し長めの運動をしよう

散歩に最適な季節。冬の間に不足していた運動量を、あなたも犬も取り戻すチャンスです。心地よいそよ風を受けながら少し長めに歩いてみてはどうでしょうか。ただし、この時期は朝夕の気温差が比較的大きいので、愛犬の健康状態をよく観察した上で外に出しましょう。とくに子犬や老犬、病犬は気温差に順応しきれず、呼吸器疾患にかかりやすいので注意が必要です。

散歩の途中で犬が雪どけの道を走り回ったり、泥んこ遊びをはじめるかもしれませんが、体が汚れることを恐れて行動を制したりしないでください。むしろ、犬を通じて自然とじかに触れ合えることを楽しみましょう。

また、春の陽気に誘われるのか、フラフラと草むらに入っていったり、電柱に寄っていったり、犬の浮き足立った行動が目立つようになります。そんなときには、前を向いてまっすぐ歩かせるようにリードでコントロールしましょう。草むらに入るとノミやダニが付着するだけでなく、この時期には除草剤がまいてあることもあり危険です。他の犬の排泄物に触れることも、衛生上問題があるので注意しなければなりません。

愛犬の排せつ物は、当然のマナーとして

持参したシャベルとビニール袋で始末し、持ち帰ります。

## 手入れ 被毛のチェックは念入りにして

パピヨンは長毛種の中では比較的抜け毛が少なく手入れがラクな犬種ですが、それでも春には新陳代謝が盛んになり、冬毛から夏毛にかわることもあって体毛が多く抜けます。被毛のケアがより大切なシーズンです。自然に抜けるのを待っていると、皮膚などの汚れが原因で皮膚病になったり、毛玉ができたりします。また、犬が不快感から後ろ足でかいたり、口でかんで抜き取ろうとすれば、被毛や皮膚にダメージを与えることにもなるでしょう。健康で美しい被毛を維持するためにも、念入りなブラッシングで死毛をきちんと取り除いてあげましょう。

春から夏にかけてはノミやダニが多く発生します。散歩や運動から帰ったら、必ず被毛をかき分けて皮膚をチェックしてください。ゴマのような黒い粒は、ノミの糞である可能性も。寄生が見つかったら薬浴などで対処するとともに、部屋の隅々まで徹底して掃除をしましょう。

# 梅雨

## 季節ごとの飼育ポイント

### 食事　腐りやすい季節、食事の管理はしっかりと

ジメジメとした環境下ではものが腐りやすいため、食事の管理は徹底させなければなりません。食事を出しっぱなしにせず時間で片づけることは、季節を問わず、しつけをする上でも大切なことです。缶詰のフードで使い切れずに余った分は、密封容器などに入れ替えて冷蔵庫で保管しますが、せいぜい1～2回のうちに使い切るようにしましょう。ちなみに、冷蔵庫から出した食事などは常温にして与えます。

　日持ちのするドライフードでも、この時期は湿気によるカビの発生に注意しなければなりません。開封後は湿気の少ない冷暗所に保管することはもちろん、フタつきの容器に入れ替えることもカビや酸化を防ぐ方法です。なるべく早く使い切るためには、お買い得な大袋よりも少量パックのものを選びましょう。

### 運動　多少の雨なら外の散歩へ連れ出して

　人間にとっても雨続きの日々は憂鬱な気分になりますが、犬は雨が嫌いというよりも、飼い主がおっくうに思って散歩を休みがちになることに対し、ストレスを感じます。ストレスが高じると、自分の足先や尾などを舐めたり噛んだりする行動が見られるようになり、それが原因で皮膚炎を起こしてしまうこともあります。散歩は体力づくりだけでなく、ストレス発散や気分転換、飼い主とのコミュニケーションの場でもあります。犬にとっては不可欠な日課であることを理解し、多

少の雨なら距離を短くするなどして外へ出してあげましょう。ただし、パピヨンのような長毛種は、雨に濡れると毛が体にまとわりつき、ときには不快な気分になるようなので、レインコートを着せてあげるのもよいでしょう。

ザンザン降りで散歩ができないときには、室内で充分に遊び、運動不足を解消してあげます。ボール遊びは体力を使い、犬も喜ぶのでおすすめです。動き回る遊びだけでなく、あなたがテレビを観ているときや本を読んでいるときなどに、愛犬を膝の上に乗せてスキンシップをはかるのも大事なことです。

## 手入れ 被毛はしっかり乾かすようにしよう

ムシムシとした湿度の高い環境下、パピヨンなどの長毛種は被毛の中に熱や湿気がこもって雑菌が繁殖しやすくなります。これが原因で皮膚病を患うと、脱毛したり湿疹ができたり、かゆみを覚えてしきりに後ろ足で体をかいたりします。そうならないためにも、雨天での外出後あるいは入浴後には、被毛が完全に乾くまでドライヤーをかけてください。湿度が高いとそれだけ時間がかかりますが、タオル・ドライと併用させると乾きが早いようです。寝床に敷くタオルやシーツが湿っていないかどうかのチェックも忘れずに。

グルーミングの際に仕上げ剤を使っている場合は、この時期とくに被毛がベタつきやすいもの。そのまま放置しておくとパピヨンの白い飾り毛が茶色くやけてしまうことにもなります。油分や汚れをためないようにシャンプーの回数を増やしましょう。

噛まないようににがいスプレーを使うのも一つの方法です。

## 夏

# 季節ごとの飼育ポイント

### 運動　夏バテの時は少量で高カロリーのフードを

夏は犬にとって一年中で最も苦手な季節。人間と同様、運動量が減るとともに、気温が高く体温を維持するエネルギーをさほど必要としないので、犬も夏場は食欲が落ちる傾向にあります。とくに、パピヨンなどの長毛種はうっとうしい暑さが苦手で、夏バテしやすいもの。食欲がなくグッタリしているようなら、少量でも栄養が充分にとれる高カロリーのフードに切り替えるなどの手を打ちましょう。食事は出しっぱなしにしないように。

### 運動　真夏の炎天下の散歩は絶対にやめて

サンサンと降り注ぐ太陽の下、日光浴を兼ねて存分に遊ばせようと思っている人は、パピヨンの美しい飾り毛が日焼けをして黄ばんだり、枝毛になったりしないように用心してください。ダメージを受けたときにはトリートメントで栄養を補給するとよいでしょう。

また、パピヨンなどの小型犬は体高が低いぶん、コンクリートやアスファルトからの照り返しをもろに受けます。しかも、裸足で歩くほかない犬は炎天下での散歩はとてもつらいもの。真夏の時期は、日の出前または日が暮れてから、地面の放射熱が冷めていることを確認して出かけましょう。

### 室内環境　真夏の室内に密閉や、クーラーのきき過ぎには注意しよう

夏場は部屋の冷やし過ぎに注意しましょう。冷気は床から30センチほどの範囲にたまるので、人間にとっては適温でも、パピヨンには寒すぎるかもしれません。外との温度差が激しいと体調を壊しやすいので、、犬がいる位置の温度に気を配ってください。また、クーラーの風が直接当たらないようにすることも大切です。

気温が30度以上ある日に、愛犬を留守番させる場合は、部屋の換気に注意しなければなりません。クーラーのきかない風通しの悪い室内では温度が急上昇し、犬の体内に熱がこもって熱射病にかかることがあるからです。窓を少し開け、扇風機の風を壁に当てて空気を循環させるなどの配慮が必要です。熱帯夜の対策としては、寝床のそばにタオルで巻いたアイスノンを置いてあげるのも一つの方法です。また、密閉された車中に愛犬を置いたまま離れることは、熱射病の危険性が高いので、たとえ短時間であろうと決してしないでください。

## 手入れ 防蚊対策とこまめな手入れを

汗をかいて皮膚に垢がたまると、炎症を起こして皮膚病になることがあります。ブラッシングをこまめに行い、入浴回数も多くして予防しましょう。また、湿度が高い季節は耳の中も不潔になりがちで、外耳炎を起こしやすくなります。定期的な耳掃除を。

蚊が大量発生する季節です。現在、蚊を媒介とするフィラリア症は、屋外で飼われている犬たちの死因のトップに挙げられています。フィラリア症とは、感染した犬の血を蚊が吸い、同じ蚊が他の犬を刺すことによってフィラリアの幼虫がその犬の体内に侵入、進行すれば成虫が心臓や肺動脈に住みつき、最悪の場合死に至るという恐ろしい寄生虫病です。まずは予防第一に考え、たとえ室内飼育であっても網戸などの防蚊対策は怠らないようにしましょう。獣医さんの指示のもとに、春から秋にかけて定期的に薬を飲ませて予防する方法もあります。

# 季節ごとの飼育ポイント

## 秋

### 食事　食事と運動のバランスを取ろう

残暑を乗り切れば、犬にとって過ごしやすい季節がやってきます。この時期、食欲が増してくるのは犬も人間も同じこと。冬に備えてフサフサとした被毛を身につけたり、皮下脂肪やお腹のまわりに脂肪を蓄えたり、また夏場に衰えた体力を回復させるためにも、食事量を少し増やしてもかまいません。その際には栄養バランスや体調を充分に考慮してください。ただし、食べさせ過ぎてお腹をこわしたり、肥満にさせたりしないように。なかには運動嫌いで食欲旺盛な犬もいます。余分な脂肪はなかなか落ちないだけでなく、生活の悪習慣も身についてしまいます。日頃から食事と運動のバランスをきちっと取るようにしましょう。

### 運動　愛犬の体調をみながら運動量を増やしていこう

陽射しも和らぎ、秋の気配が漂ってくると、犬は〝自分の季節〟と言わんばかりに跳び回りはじめます。運動させやすい季節ではありますが、夏場の運動不足やストレスを一気に解消させようと、急激に走らせることは避けましょう。季節の変わり目には体が順応していかず、夏バテもあって体調を崩しやすいからです。短めの距離の散歩からはじめ、犬の体調をみながら少しづつ運動量を増やしていきましょう。

体が慣れ、気力、体力ともに充実してきたと感じたら思う存分遊んであげてください。フライングディスクやアジリティといったアウトドア・スポーツに挑戦してみてもよいかもしれません。行楽日和には、愛するパピヨンと一緒にドライブやハイキングを楽しみましょう。

手入れ

## できるだけ毎日、皮膚のチェックも兼ねたブラッシングを

下草が長めに生えた公園や広場などにいくと、パピヨンの飾り毛に樹木の種子などがからみつき、なかなか取れないことがあります。無理に引っ張ると被毛や皮膚にダメージを与えるので、運動後の手入れでは、手で取り除き皮膚のチェックを兼ねながらブラッシングも欠かさず行いましょう。

秋はジステンパーやレストピラ感染症などの伝染病が流行する時季でもあるので、混合ワクチンの接種が大切です。フィラリアの予防薬も9月まで続けます。

# 季節ごとの飼育ポイント 冬

## 食事　便の状態をチェックして、愛犬の健康管理を

寒い季節には、体温を維持するために必要なエネルギー量が増えるので、そのぶん食欲も出てきます。高カロリー高タンパクのバランスのとれた食事を与えるようにしましょう。多少であれば食事量を増やしてもかまいませんが、肥満に注意して、そのぶんしっかりと運動させることが条件です。

クリスマスやお正月などイベントの多くなる時期ですが、〝今日ぐらいは甘くみよう〟などと考えて愛犬にご馳走をおすそわけすると、その1回が食習慣を乱し、健康を害する原因をつくります。人間の食べ物は与えないようにしましょう。

気温が急速に下がると、食欲が落ちて消化吸収しにくくなることもあります。エネルギーの消耗が激しい季節なので、常に便の状態をチェックして愛犬の健康管理に努めてください。

## 運動　天気のよい日は日光浴を兼ねて思いきり遊ばせよう

冬場は日が短くなり、日光に当たる時間が限られてきます。日光浴は健康のためだけでなく、美しい被毛づくりのためにも必要です。また、パピヨンの子犬の場合は日光に充分に当たらないと、骨の病気（くる病）などにかかりやすいので、寒いからといっておっくうに思わず、天気のよい日はできるだけ外に出て、日光浴を兼ねて思いっきり遊ばせてあげましょう。

## 手入れ　乾燥した被毛には気をつけて

冬に入ると被毛もずいぶんと落ち着いてきます。ただし、空気が乾燥しているうえに暖房を使うので静電気が起きやすく、皮膚が乾燥してダメージを受けやすくなります。皮膚をチェックしながら慎

重に手入れをしましょう。スプレー容器に水を入れてときどき噴霧し、潤いを与えます。静電気防止スプレーなどを使ってもよいでしょう。

犬にとっては、たいがい夏の暑さよりも冬の寒さのほうがしのぎやすいものですが、子犬や老犬、病犬に対しては最低限の防寒対策が必要です。秋の深まりを感じる頃には、気温が急激に下がることがあります。寝床に毛布を敷いたり、地域によってはペットヒーターを入れるなどして寒さに備えましょう。しかしペットヒーターでの感電や低温やけど、ガスストーブなどの暖房の換気不充分による一酸化炭素中毒には充分注意してください。

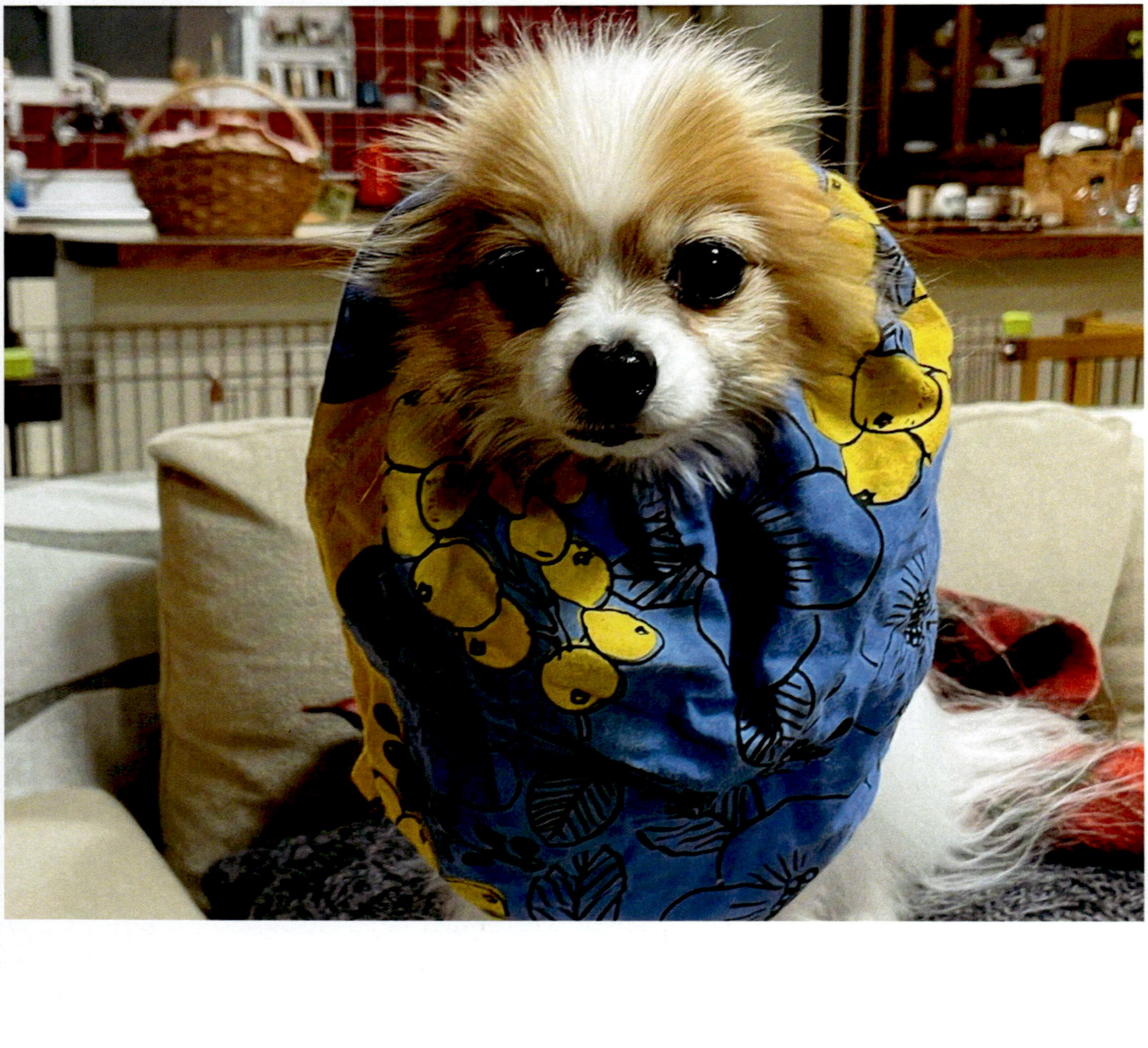

# 第 10 章

# よい子犬の産ませ方（繁殖）

# 良質な子犬を授かるためには

ブリーディング（繁殖）は、とてもやり甲斐のある仕事であると同時に、驚くほど多くの時間と労力を要する想像以上に骨の折れる作業です。また、どんなに経験を積み、技術や知識を蓄えても、お産のたびに学ぶべき新しいことに出会います。

最近では、各家庭で出産させることはあまり多いケースではありませんが、それでもわが家の愛犬に子どもを生ませたいと考えている人は、なぜそうしたいのか目的をはっきりさせておくべきでしょう。ブリーダーとして活動する意思はなくても、良質な子犬を授かるために、よい相手の見つけ方、妊娠時のケア、出産方法、乳児の育て方など、種を向上させるためのブリーディング・プログラムに基づいた繁殖知識をもっておくことをおすすめします。

## よい相手の見つけ方

雄犬であれ雌犬であれ、繁殖させようという犬は、種の典型、つまりスタンダードに近い形体であることが理想です。少なくとも心身ともに健康なこと、目立った欠点がないこと、大きすぎず小さすぎず適度な大きさであることの条件にかなった相手を選ぶべきでしょう。できれば、血統にもとづき祖父母の代まで容姿や性質をチェックしたいものです。こうして父母ともに申し分のない個体であっても、必ずしも最良の子犬が産まれてくるとは限りません。なぜなら、子犬は父母のよい点も悪い点も受け継いで産まれてくるからです。自然は予測不可能であり、時には悪い方向に結果が出てしまうこともあります。いずれにしても、最善を尽くしてあとは天にまかせ、おおらかな気持ちで出産を待つことが大事です。

よい相手を紹介してもらいたい場合は、子犬を譲り受けたブリーダーに頼むのが一番よい方法です。その犬の血統をよく知り、適した相手についての知識ももっているからです。

## シーズンと交配

雌犬は、たいてい生後6～8ヵ月くらいで初めてのシーズン（発情期）を迎えますが、この時期にはまだ骨格が完成していないため、2～3回目以降の成熟期に入ってからのシーズンで交配することが望まれます。

シーズンに入ると、外陰部がはれて出血があるので、この徴候がみえたら雄犬の飼い主に連絡をとり、交配の予約を入れます。たいてい出血してから11日前後で準備ができるため、交配費用が無駄にならないようブリーダーと相談し、なるべく排卵日に合わせて日程を決めることをおすすめします。正確な時期を知るためには、獣医さんにスメア検査をしてもらうこともよいでしょう。

## 妊娠中のケア

交配に成功すれば、普通60～63日で出産の日を迎えます。交配して30日くらい経った時点で獣医さんによる妊娠テスト（血液検査）を受けてみてもよいでしょう。その頃になると食欲不振や吐き気など、つわりのような症状に見舞われる犬もいます。流産しないように過激な運動は避け、薬を与えることができないので病気にならないよう注意します。

次第に乳頭がピンク色に変わって突き出てくると同時に、粘りけのあるオリモノが出てきます。40日前後で腰部の膨らみが目立ちはじめ、体重も増えてくるでしょう。母性が高まるせいか、より愛らしい性格になる犬もいます。

食事に関しては、5週目に入ったらタンパク質を多めにし、1日1食なら2食に、1日2食なら3食に回数を増やします。カルシウムと、それを吸収するのに必要なビタミンDを少量混ぜてあげるとよいでしょう。カルシウム補給のために牛乳を与えたがる人もいますが、下痢を促すことにもなるので避けたほうが無難です。

この時期、母犬が太りすぎたり胎児が育ちすぎたりしないように、また出産時の体力を保つためにも、十分な自由運動をさせることが大切です。

## 出産準備

予定日の1週間ほど前になったら出産準備に取りかかります。まず用意しなければならないのは出産用の箱であり、産む前からこの箱の中で寝ることに慣れさせなければなりません。全身を伸ばしても十分に入る大きさと、立ち上がっても頭がつかえない高さがあればよいでしょう。暖かく静かな場所を選び、タオルや毛布などを敷いて快適な環境をつくってあげてください。揃えておきたいものは以下の通りです。

＊体温計
＊古いタオル（できるだけ多く）
＊かんし
＊デジタル計
＊糸（へその緒を縛る）
＊はさみ（へその緒を切る）
＊洗面器（産湯のときに使う）
＊消毒用アルコール（器具の消毒に使う）
＊古新聞
＊ティッシュ・ペーパー
＊オイル（胎位が異常で子犬の向きを変えて補助するときの潤滑油として使う）
＊時計（陣痛の間隔を計る）

＊湯たんぽまたは電気アンカ（寒い時期に使う。母犬が次ぎの子犬を産んでいる間、子犬を温めておくため）
＊袋（汚れものを入れる）

## 分娩中のケア

分娩の第一段階として、腹部内部に圧力が加わり、次第に外陰部や膣が広がって粘液状のオリモノが出てきます。母犬は自分のおしりを見ながら、その状態を確認します。時には陣痛の不快感で落ち着きがなくなり、敷物を噛み切ろうとしたりもしますが、一時的なものなので心配はいりません。

第二段階ではいよいよ陣痛が激しくなり、子犬の頭が出てきます。母犬はクンクンと鳴きながらいきみ、子犬の頭が出たところでいったん休み、再び残りの部分を排出するでしょう。胎盤は、子犬と一緒に排出されるときと、次の収縮で排出されるときとがあります。産まれるとすぐに母犬は、子犬を覆っている羊膜を破り、子犬を舐めて刺激し、へその緒を噛み切ります。出産中に母犬から子犬を取り上げることは極力避けたいのですが、万一、母犬がそれらの処理をしない場合や失敗した場合は人間が手を貸します。すばやく羊膜を手で破ってからきれいな布で子犬の体を拭き、へその緒は腹部に近いところで切り落とします。子犬達は産まれた直後に自らの力で母犬の乳首を捜し当てますが、捜し出せない子犬がいれば、これもまた手を貸してあげましょう。

通常、パピヨンは一度に数匹の子犬を産みます。次ぎの子犬を産み落とすまでの間隔は15分から2時間以上と個体差がありますが、その間は母犬への水分補給を怠らずに見守りましょう。すべての子犬を産み終わったら、お腹の中に子犬を残していないか確かめるためにも、獣医さんに診てもらうことをおすすめします。

# 出産直後のケア

母犬にはゆっくりと休息を与えます。出産に立ち会った興奮から、頻繁に子犬達を見にいきたいという衝動にかられるかもしれませんが、落ち着いた環境を与えてあげることが一番であることを肝に命じてください。一度、犬達を箱から出し、汚れた寝具類を新しいものに替えて掃除をし、快適な寝床を用意しましょう。

出産後24時間は、母犬には少しふやかしたりして柔らかくして軽めの食事を用意し、水分を十分に与えます。とくに胎盤を食べている場合は下痢を起すこともあり、脱水症状には気をつけなければなりません。3日後からは消化の問題が起きないよう、一日4回に分けて与えてください。カルシウムと、それを吸収するためのビタミンDを混ぜてもよい。

この時期の子犬達に必要なのは、暖かさと母犬の乳だけです。ただし、時には母犬の乳が出ない、足りない、子犬に吸う力がないことがあります。その場合は人間の手による育児が必要であり、哺乳ビンなどで人工ミルクを飲ませます。市販されている子犬用ミルクを使いますが、分量や回数は表示された基準に従ってください。生まれたての子犬には少量を頻繁に与えることが鉄則です。昼夜問わず2～4時間おきに乳を飲ませなければなりません。面到だからといって規定量より多く与えると、子犬の命を奪うことにもなりかねないので絶対に避けてください。ミルクの温度は人肌だ程度。冷やし過ぎに気をつけましょう。

## ベビー・パピヨンの育児

生後4週間までは毎日、定時刻に子犬の体重を測ります。成長記録をつけるだけでなく、栄養が十分に足りているかを調べるためです。万一、体重が増えなかったり減っていくようなことがあれば、獣医さんに相談して原因を見つけましょう。

離乳開始は生後25日くらいから。子犬の数が多い時には、さらに時期を早めてもかまいません。赤身の肉をミンチにするか、子犬用缶詰やフードを水に溶いて食べやすくし、口の中に入れてあげます。味に慣れてきたら小さな皿で与えるようにし、1日6食のうち4食をフードに、2食をミルクにします。食事にミルクをまぜてもよいでしょう。

6週目に入ったら、昼間は母犬をケージの外に出し、夜になると戻すようにして少しずつ母離れの準備に入ります。子犬を一匹ずつ取り上げてかわいがり、スキンシップをはかることも大切です。定められた時期はないのですが、できれば8週目までには完全に自立していることが望まれます。

Papi llon

### 避妊手術・去勢手術

もしも、愛犬に赤ちゃんを産ませるつもりがないのであれば、思わぬ妊娠とならないよう不用意に異性の犬を近づけることは避けなければなりません。ただし、避妊・去勢手術を済ませておけばそんな心配も不要です。雌犬はシーズン中の面倒がなくなり、雄犬はマーキングをするクセが直ることもあります。その上、前立腺肥大や子宮蓄膿症など中年期以降に発症しやすい生殖器系の病気を防ぐことにもつながるのです。多くの場合、生後6ヵ月くらいから手術を行ないますが、最近では動物医学の発達によって生後2ヵ月前後での手術も可能となっています。行き場のない不幸な犬達をこれ以上増やさないためにも検討してみることをおすすめします。

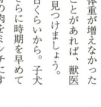

## ドッグショーへの参加

**●まずはショーの見学を**

　愛犬の素晴らしさを多くの人に見て評価してもらえるドッグ・ショーは、非常に価値ある趣味と言えます。競い合うことによってますます美しく、誇らしくなっていく愛犬の姿。それだけでなく、全国の愛犬家たちと触れ合う機会がもてることも実に楽しいものです。

　参加を希望する場合には、申し込む前にショーがどんなものであるか見学しておくことをおすすめします。見るだけでも十分に楽しめる催しですが、ただ楽しむだけでなく、場内での愛犬の反応を観察したり、関係者や参加者から話しを聞くなどの情報収集にも心がけましょう。年齢制限などの参加条件の確認も忘れずに。

## ●ショーに適した子犬とは？

外見はもちろん、性格や健康状態を総合的に判断した上でチャンピオン犬を決めるドッグショー。全国から選りすぐりの優秀な犬が集まってくることもあり、並大抵の努力ではその道を極められません。しかも、生まれもった資質が大きく左右するため、ショーへの参加を希望するのであれば、子犬を入手する時点で犬種のスタンダードに近い容姿や性格の子を選ぶことが理想です。ただし、生後二～三ヵ月では資質を見極めることが難しく、明確に判断するには子犬が五～六ヵ月になるまで待つ必要があるでしょう。

たとえ個体として優れていても、その後の努力を怠るわけにはいきません。入念なグルーミングや厳しい訓練には時間も労力もかかります。それ相当の出費がかさむことも覚悟しなければなりません。

なにより犬にとっても大変な試練となります。しかし、それにも増して愛犬と飼い主とが誇りや達成感を共有し、互いに高めあうことができるドッグショーは、とてもやり甲斐のある趣味なのです。

## ●ショーに向けた3つの訓練

ショーに向けての訓練としては、おもにテーブル訓練、立つ訓練、リード訓練の3つがあります。始める時期は早いに越したことはありません。

まずはテーブルに立てることが第一段階。台に滑り止めのタオルなどを敷き、その上に30秒ほど立たせてみましょう。怖がって飛び降りることを予想して、いつでも抱きとめられるようスタンバイしておいてください。立っている最中は声をかけ、勇気づけてあげます。やり遂げたときにはごほうびを与えてオーバーなくらいほめてあげましょう。

次に行なうのが集中してジッと立つ訓練です。片手に音の出るオモチャをならしながら見せたり、オヤツをもち、それを鼻先にちらつかせながら「ステイ」と命令します。動くようなら「ノー！ステイ」と叱って行動を制止させましょう。うまくできたらオモチャやオヤツを与え、十分にほめてあげます。

リード訓練は、日頃の散歩や運動のときに、きちんと飼い主の横につき一体となって歩かせるようにします。ちなみにテーブル訓練、立つ訓練ともに子犬なら1回2～3分、1日2～3回ぐらいに分けて行なってください。そのほうが1日に15分間、みっちり訓練をするよりも有効です。子犬が上手にできたなら、そこでいったん終わりにします。欲を出して"もっと上のレベルのことを覚えさせよう"とすると逆効果になります。焦っていろいろなことを一度に進めようとしないでください。それよりも、子犬が覚えたことを忘れさせないよう努めましょう。

①正しい位置にリードをかけたら、耳の飾り毛をきちんと出す。

②飾り毛をきれいに整え、後頭部の止め金が毛にからまないよう注意しながらリードを締める。

③首を上げ、尾を保持して、正しい四肢の位置で立たせる。

## ●ショーの前日、当日のケア

ショーで成功するためには、外観的にも精神的にもパーフェクトの状態で臨まなければなりません。そのためには日頃の正しい食事、定期的な健康チェック、毎日のグルーミングと被毛のケアは必要不可欠。また、訓練の時間を楽しめるような演出も大切です。

ショーの前日はシャンプーし、爪をチェックし、パッドの間の無駄毛をトリミングしてください。ショーの当日は、もう一度全体を見て汚れていないかチェックします。仕上げ用スプレーで被毛をブラッシングして整え、水を含ませたガーゼで顔を拭いてリフレッシュさせます。被毛が全体的に汚れているように見えたら、パウダーを少しふりかけてブラッシング。雄であれば、お腹の毛がオシッコで汚れていないかどうか必ず確認しましょう。

とにかく、当日は静かに落ち着かせることが一番です。飼い主が興奮したり神経質になったりすると必ずその感情が愛犬に伝わってしまうので、リングに入る前は飼い主ともにリラックスできる状態にしましょう。犬のそばに付いて安心させて上げることも大切です。また、飼い主はきちんとした服装をし、あらゆる天候に備えておく必要もあります。

リング内では、愛犬の素晴らしいポイントを評価してもらえるよう努めましょう。そして、忘れてはならないのが、入賞してもしなくても、あなたの犬はあなたのかわいいパピヨンであることに違いはないということです。

PIEROSAS CHIANTI RUFFINO FAMIRLY

# 家系図

1 TUSSALUD NICKELODEON: 1770BX; ♂; 1986/10/31; UK; CH (ENG)

2 PIEROSAS RIKHARD LEJONHJARTA OF TUSSALUD: 1899BU; ♂; 1983/10/20; Sweden

3 PIEROSAS GATEAU: S24075/82; ♂; 1982/1/25; Sweden; FI CH, SE CH

4 PIEROSAS MON CHOU: S54721/80; ♂; 1980/8/6; Sweden; C.I.B., JP CH

5 PIEROSAS RINALDO-RINALDINI : S 58084/73; ♂; 1973/11/11; Sweden

5 BJÖRNHAGENS RUBIN: S 19975/75; ♀; 1979/1/15; Sweden

4 PIEROSAS IRMA LA DOUCE: S46286/80; ♀; 1980/5/15; Sweden

5 PIEROSAS CROQUEMBOUCHE: S53022/77; ♂; 1977/7/25; Sweden; SE CH

5 PIEROSAS SHINNON: S45578/77; ♀; 1977/1/1; Sweden

3 PIEROSAS CEST LA VIE: S55350/82; ♀; 1982/6/20; Sweden

4 PIEROSAS SOUVERIN: S31851/81; ♂; 1981/2/14; Sweden

5 PIEROSAS SPEEDY GONZALES: S045575/77; ♂; 1977/6/16; Sweden; SE CH

5 PIEROSAS EMMANUELLE: S15943/80; ♀; 1980/12/6; Sweden

4 PIEROSAS KAJSA VARG: S46280/80; ♀; 1980/6/23; Sweden

5 PIEROSAS CROQUEMBOUCHE: S53022/77; ♂; 1977/7/25; Sweden; SE CH

5 PIEROSAS ROSCEDORA: S 19968/79; ♀; 1978/12/5; Sweden

2 TUSSALUD JUNE BUG: K5549701K12; ♀; 1985/6/6; UK

3 TUSSALUD TIGRE: G4390701G11; ♂; 1982/2/21; UK

4 NOUVEAU MOULIN ROUGE: ; ♂; 1980/6/19; UK

5 INVERDON HE'S GLAYVA: KCSB 1034BL; ♂; 1976/1/15; UK; UK CH

5 NOUVEAU SCARLET O'HARA: KC C1587401C11; ♀; 1977/11/28; UK; UK CH

4 TUSSALUD PAVLOVA: ; ♀; 1976/2/28; UK

5 FIRCREST FILEMON: ; ♂; 1974/6/10; UK; UK CH

5 ALCALA RHAPSODY: KCSB2491BI; ♀; 1971/9/3; UK

3 PIEROSAS PAIN-BLANC AT TUSSALUD: 0654BT; ♀; 1983/4/28; Sweden; CH (ENG)

4 PIEROSAS GATEAU: S24075/82; ♂; 1982/1/25; Sweden; FI CH, SE CH

5 PIEROSAS MON CHOU: S54721/80; ♂; 1980/8/6; Sweden; C.I.B., JP CH

5 PIEROSAS IRMA LA DOUCE: S46286/80; ♀; 1980/5/15; Sweden

4 PIEROSAS MONA-LISA: S16237/77; ♀; 1976/12/7; Sweden; SE CH

5 FERTHOS PEKKA: S18482/69; ♂; 1969/1/1; Sweden

5 PIEROSAS REINA-ROMANTICA: S58086/73; ♀; 1973/11/11; Sweden

1 LORDSRAKE RUMBABA: Q5404801Q04; ♀; 1990/3/15; UK

2 WARANZ PORT AU PRINCE LORDSRAKE: 3260BY (IMP); ♂; 1987/6/20; Sweden

3 WARANZ ORPHEUZ: SKK10852/85; ♂; 1984/1/12; Sweden; CH (SWE)

4 WÄRANZ LE PETIT COCKON DOLENZIO: S48712/83; ♂; 1983/7/16; Sweden; NO CH, SE CH

5 SILENZIO'S SILENZIO: S11817/81; ♂; 1980/11/22; Sweden; C.I.B., NORD CH, NORD W 1983

5 WÄRANZ LA-DOLCI-WITA: S57796/80; ♀; 1980/8/30; Sweden; NO CH

4 O-MAMMA-MIA: S15406/82; ♀; 1981/12/29; Sweden

5 WÄRANZ SNOBBEN: S42711/78; ♂; 1978/6/23; Sweden

5 WÄRANZ OMY-BLUE-HAVEN: S53378/80; ♀; 1980/8/25; Sweden

3 WARANZ PENNY FROM HAEWEN: SKK24141/85; ♀; 1985/2/18; Sweden

4 WÄRANZ SWEDYANA MILOU: S55928/83; ♂; 1983/8/20; Sweden; C.I.B., NO CH, SE CH, NORD W 1988, NORD W 1989, NORD W 1981

5 WÄRANZ SNOBBEN: S42711/78; ♂; 1978/6/23; Sweden

5 WÄRANZ KULLA-GULLA: S69396/79; ♀; 1979/11/4; Sweden

4 WÄRANZ ANHRA PRADESH: S17830/82; ♀; 1982/2/8; Sweden

5 PIEROSAS ROCCY RACCON: S31857/81; ♂; 1981/1/28; Sweden

5 WÄRANZ LADY-BE-GOOD: S21872/80; ♀; 1980/2/7; Sweden

2 RAYANNA BRANDY SNAP LORDSRAKE: 3261BY; ♀; 1985/12/19; UK

3 LORDSRAKE JOKER: 0634BT; ♂; 1982/12/10; UK

4 LORDSRAKE FIREBALL: ; ♂; 1978/10/21; UK; INT. CH.

5 LORDSRAKE EMBLEM: ; ♂; 1977/5/10; UK; IE CH

5 ENCHANTMENT OF LORDSRAKE: KC B4947802C04; ♀; 1977/6/17; UK

4 ARVAL HIGH HOPE: KC 0898 BL; ♀; 1975/12/28; UK

5 ARVAL VITELLO: KCSB 1676 BJ DK8581/78; ♂; 1973/8/30; UK

5 ARVAL ZELDINA: KC 156908/69; ♀; 1969/1/1; UK; NORD CH

3 JUJOHN IN THE LOOKING GLASS: H4550802H11; ♀; 1983/5/20; UK

4 NOUVEAU KNIGHT OF THE MIRROR: ; ♂; 1979/7/25; UK; JW

5 TUSSALUD CHOIR BOY: ; ♂; 1978/3/16; UK

5 TUSSALUD SAPHIRE MELODY: KC 147857/74; ♀; 1974/6/17; UK

4 FIRCREST FEBE: KCSB 4021BL; ♀; 1976/6/10; UK

5 CHARTAMCOOMBE IAN: ; ♂; 1972/10/11; UK

5 FIRCREST FRANCESCA: ; ♀; 1973/9/15

0 SONTINIS ROMANO: PP-15855/06-0; SKK-S60076/2005; ♂; 2005/9/4; Sweden

SONTINIS ROMINO: PP-15856/06-0; SKK-S60079/2005; ; 2005/9/4; Sweden

1 SONTINIS ROMEO: S16463/98; ♂; 1998/1/22; Sweden

2 JOSEPHINE'S PHILIPPE: S27243/93; ♂; 1993/4/6; Sweden

3 ALATIITA'S ROM-POM-POM: S15176/87; ♂; 1986/12/5; Sweden

4 LULLANS MISTERASCOT: S13927/82; ♂; 1982/1/12; Sweden; SUCH

5 NOUVEAU CROWN PRINCE: S62844/81; ♂; 1981/1/1; UK

5 LA ROCCA'S MISSJASMIN: S14879/81; ♀; 1980/12/9; Sweden

4 LA ROCCA'S IN HIGH PLACES: S48294/84; ♀; 1984/7/10; Sweden

5 PIEROSAS HERODOTOS: S36411/82; ♂; 1982/4/1; Sweden

5 LA ROCCA'S WILDORCHID: S33801/81; ♀; 1981/4/24; Sweden

3 CILLAHOF'S AMAZING LADY: S38994/88; ♀; 1988/3/6; Sweden

4 SILENZIO'S COLORADO-KID: S39256/83; ♂; 1983/4/24; Sweden; NORDUCH, INTUCH

5 SILENZIO'S TEX-RITTER: S67214/81; ♂; 1981/11/12; Sweden; C.I.B., NORD CH

5 SILENZIO'S FRI'DAY: S16840/80; ♀; 1980/1/12; Sweden

4 LULLANS HONOLULU: S20179/86; ♀; 1986/1/25; Sweden; SUCH

5 LA ROCCA'S PARFAITAMOUR: S42053/81; ♂; 1981/5/27; Sweden; NO CH, SE CH

5 LULLANS LADYBELINDA: S28488/83; ♀; 1983/3/31; Sweden; SE CH

2 SONTINIS PHILEA: S66962/92; ♀; 1992/10/31; Sweden

3 LAMBOUCHE CLEVER CLAUDIO: S10828/90; ♂; 1989/10/26; Sweden; SUCH

4 PIEROSAS DOM CHRISHAN: S41556/87; ♂; 1987/7/26; Sweden; SUCH

5 SILENZIO'S SANGO-BOLERO: S11816/81; ♂; 1980/11/22; Sweden; NORD CH

5 PIEROSAS MANON LESCAUT : S46795/85; ♀; 1985/2/20; Sweden

4 LAMBOUCHE LADY-DEE: S55651/87; ♀; 1987/8/25; Sweden; SUCH

5 PIEROSAS CROQUEMBOUCHE: S53022/77; ♂; 1977/7/25; Sweden; SE CH

5 PIEROSAS LAMORONE: S11160/86; ♀; 1985/10/21; Sweden

3 PHOSPHOROS MISS DOMINA DELAINE: S11639/91; ♀; 1990/11/23; Sweden; SUCH

4 CHAGALL'S CARMAN GHIA: S19145/89; ♂; 1989/1/16; Sweden; SUCH, NUCH, INTUCH

5 FLY HIGH CONCORDE: S15392/82; ♂; 1981/12/1; Sweden; C.I.B., NORD CH

5 PRINS NEGUS JASMIN: S15284/86; ♀; 1986/1/1; Sweden

4 SONTINIS COLOREE: S16937/88; ♀; 1988/1/8; Sweden; SUCH

5 PEPEJAS NEW GENERATION : S10300/86; ♂; 1985/11/8; Sweden; C.I.B., NORD CH

5 TUSA-LUSAS ZSA-ZSA: S14641/84; ♀; 1983/12/19; Sweden; SE CH

1 SONTINIS FIONA: S50967/2003; ♀

2 AYE-AYE'S JOYRIDE: S28462/2000; ♂; 2000/3/27; Sweden

3 SONTINIS MORRIGAN: S29180/96; ♂; 1996/3/27; Sweden; SUCH

4 NITSREK'S ALEXANDER: S28453/94; ♂; 1994/2/18; Sweden

5 CHANFREE'S ZEBASTIAN: S46621/92; ♂; 1992/3/31; Sweden

5 TILABS TEQUILA: S49799/91; ♀; 1991/6/23; Sweden

4 CAROVER'S UNNI : S47210/89; ♀; 1989/6/17; Sweden

5 FLY HIGH CONCORDE: S15392/82; ♂; 1981/12/1; Sweden; C.I.B., NORD CH

5 CAROVER'S RICHELLE: S13826/83; ♀

3 SUZZAN'S GRAZE: S29981/95; ♀; 1995/4/8; Sweden

4 JOSEPHINE'S PHILIPPE: S27243/93; ♂; 1993/4/6; Sweden

5 ALATIITA'S ROM-POM-POM: S15176/87; ♂; 1986/12/5; Sweden

5 CILLAHOF'S AMAZING LADY: S38994/88; ♀; 1988/3/6; Sweden

4 BARWRA'S KIA: S59795/88; ♀; 1988/9/4; Sweden; SE CH

5 SMARAGDENS MAXIMILLIAN: S49496/87; ♂; 1987/7/1; Sweden

5 BARWRA'S ESSY: S49735/85; ♀; 1985/6/24; Sweden; SE CH, DK CH

2 PIEROSAS KIMBERLY: S36694/2000; ♀; 2000/4/9; Sweden

3 ZICCA-PHI'S VISHNNA: S10869/99; ♂; 1998/11/11; Sweden

4 ZICCA-PHI'S ZICCA-RAM-RAM: S55328/98; ♂; 1996/9/28; Sweden

5 EJABOS LILLE GUBBEN: S47653/91; ♂; 1991/3/2; Sweden

5 ZICCA-PHI'S JESWENDER: S51525/94; ♀; 1994/7/9; Sweden

4 MILLOW'S NATASHA: S40659/96; ♀; 1996/5/22; Sweden

5 SHAKESPEARE: S46847/94; ♂; 1994/7/23; Sweden

5 SOLJANS NATALIE-OFELIA: S14293/93; ♀; 1992/9/15; Norway

3 PIEROSAS CHIRLEE: S57069/96; ♀; 1996/10/25; Sweden

4 PIEROSAS SHAMIR: S20356/94; ♂; 1994/2/10; Sweden

5 PIEROSAS SHAMBORIN: S51458/91; ♂; 1991/6/4; Sweden

5 PIEROSAS MIREIELLE: S51491/88; ♀; 1988/5/10; Sweden

4 PIEROSAS MONTHELIE: S16414/88; ♀; 1987/12/12; Sweden

5 PIEROSAS WILLIAM OF ORANGE: S20165/86; ♂; 1986/1/30; Sweden

5 PIEROSAS DECAMERONE: S63729/84; ♀; 1984/10/19; Sweden; SUCH

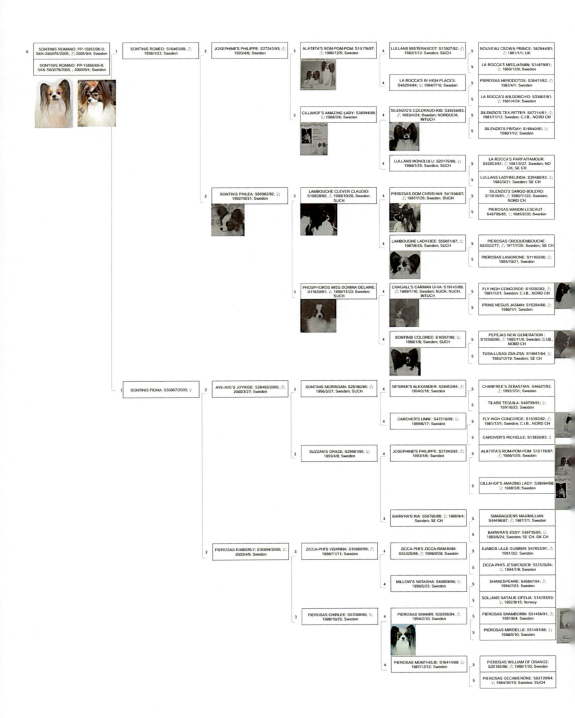

## 先祖たち（アルファベット順）

4 ALATIITA'S ROM-POM-POM

Papillon Posten Nr4-91

5 CHAGALL'S CARMAN GHIA

Papillon Ringen 30ar jubileumsbok 1995

Papillon Posten Nr4-94

4 CILLAHOF'S AMAZING LADY

Papillon Ringen 30ar jubileumsbok 1995

6 DAL DALCIA BEAU BRUMMEL

The Papillon Club 1993

6 FLY HIGH CONCORDE

The Papillon Club 1923-1990

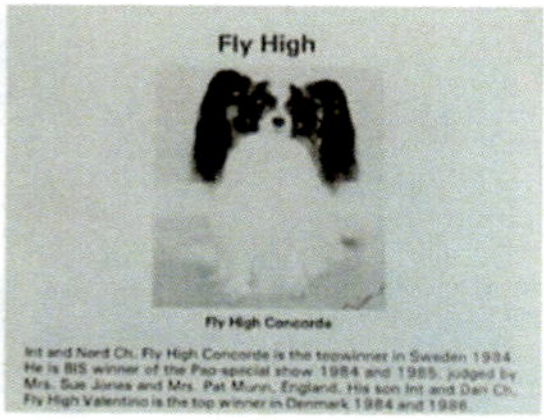


The Papillon Club 1986

4/6 LAMBOUCHE CLEVER CLAUDIO

Papillon Posten Nr2-93

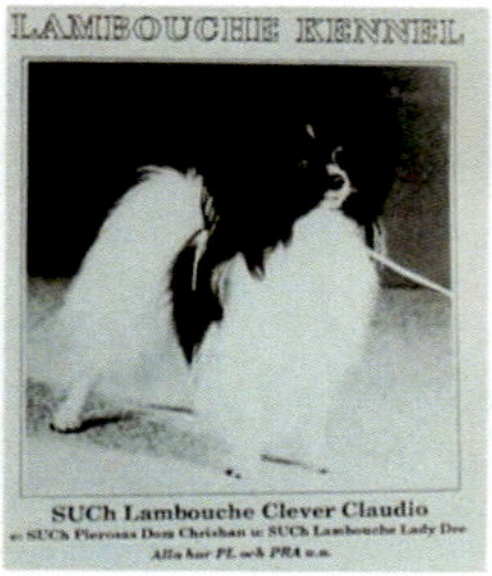


Papillon Posten Nr4-92

5 LAMBOUCHE LADY-DEE

Papillon Ringen 25ar jubileumsbok 1990

6 LORDSRAKE JOKER

The Papillon Club 1986

6 LORDSRAKE JUBILEE SALLY ANN

The Papillon Club 1986

3 LORDSRAKE SUPERMAN

Dog World Annual 1994

The Papillon Club 1923-1990

The Papillon Club 1995

6 NOUVEAU CHEVROLET

The Papillon Club 1993

6 PEPEJAS NEW GENERATION

The Papillon Club 1923-1990

The Papillon Club 1923-1990

4/6 PHOSPHOROS MISS DOMINA DELAINE

Papillon Posten Nr4-91

5 PIEROSAS BELLONA

Papillon Ringen 30ar jubileumsbok 1995

Papillon Posten Nr4-94

5 PIEROSAS DOM CHRISHAN

Dog World Annual 1990

6 PIEROSAS DOMAINE DE MAUNY

Dog World Annual 1990

3 PIEROSAS MELODY DREAM

Taramu Amore's homepage

| | |
|---|---|
| 4 PIEROSAS MELODY MAN | 2 PIEROSAS MILTON |

Taramu Amore's homepage

Ms. Yuko Murata

Taramu Amore's homepage

6 PIEROSAS PAIN-BLANC AT TUSSALUD

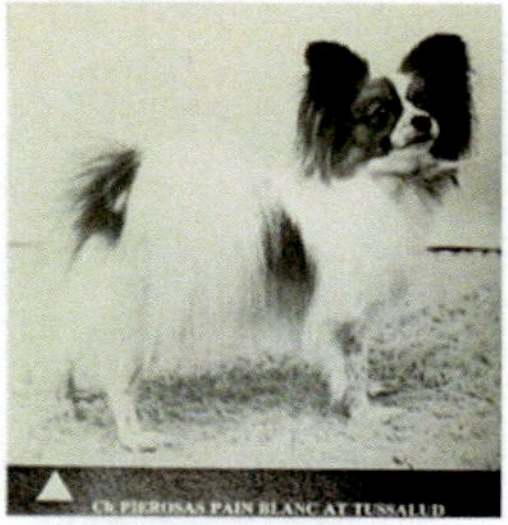

The Papillon Club 1986

5 PIEROSAS RIKHARD LEJONHJARTA OF TUSSALUD

The Papillon Club 1986

5/6 PIEROSAS SHAMBORIN

Papillon Posten Nr4-94

Papillon Ringen 30ar jubileumsbok 1995

4/5 PIEROSAS SHAMIR

Taramu Amore's homepage

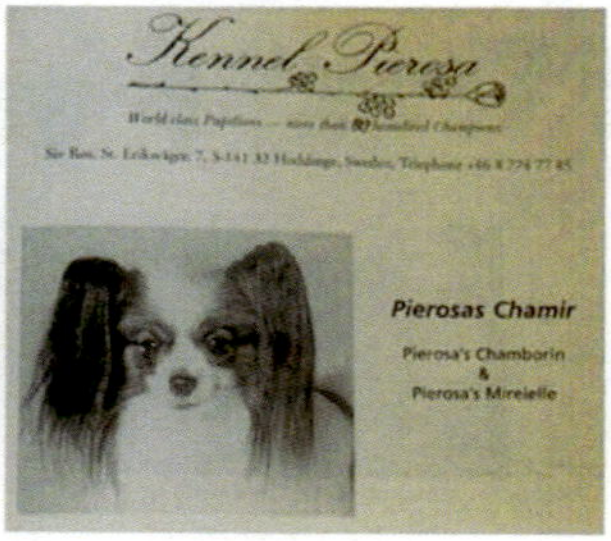


Papillon Posten Juni 1998

Taramu Amore's homepage

5 SILENZIO'S COLORADO-KID

Papilon Ringen 25ar jubileumsbok 1990

Papilon Ringen 30ar jubileumsbok 1995

Papilon Ringen 30ar jubileumsbok 1995

5 SONTINIS COLOREE

Papilon Ringen 25ar jubileumsbok 1990

3/5 SONTINIS PHILEA

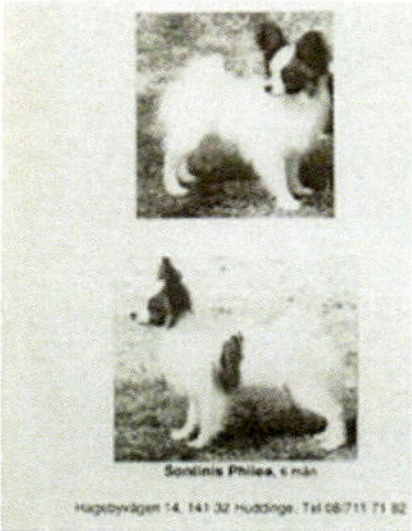


Papillon Posten Nr2-93

2 SONTINIS RIGOLO

Ms. Yuko Murata

3 SONTINIS ROMANO

Taramu Amore's homepage

4 TUSSALUD NICKELODEON

The Papillon Club 1923 1990

Taramu Amore's homepage

3 VANDYCK ROYAL FLUSH LORDSRAKE

Ms. Yuko Murata

4/5 WARANZ PORT AU PRINCE LORDSRAKE

The Papillon Club 1986

Ms. Yuko Murata

o タラムアモーレス ホームページ: http://taramu-amores.com/

o https://papillon.breedarchive.com/home/index

o 書籍
Papillon Posten Nr3-91
Papillon Posten Nr4-91
Papillon Posten Nr1-96
Papillon Posten Nr4-92
Papillon Posten Nr2-93
Papillon Posten Nr4-94

Papillon Ringen 25ar jubileumsbok 1990
Papillon Ringen 30ar jubileumsbok 1995

The Papillon (Butterfly Dog) Club 1986
The Papillon (Butterfly Dog) Club 1923-1990
The Papillon (Butterfly Dog) Club 1993
The Papillon (Butterfly Dog) Club 1995
The Papillon (Butterfly Dog) Club 1923 to 2003

「ザ・パピヨン」（村田祐子/カロライン・ロウ/デヴィット・ロウ共著）

# 第１１章

# 健康管理と病気の知識

Papillon Q&A

# Q 普段と様子が少し違うな、と思ったら？

## A すぐに獣医さんの診断を

自ら訴える術をもたない犬たちは、飼い主が不調や痛みに気づいてあげない限り、ひたすら苦痛に耐えるほかありません。飼い主が気づかないうちに症状が自然に治癒することも少なくありませんが、逆に、時間の経過とともに症状が悪化し、回復が遅れたり、障害が残ったり、手遅れとなって命を落とすケースもあります。ましてや小型犬の場合、体力的な限界もあって早期発見、早期治療がとても大事になってきます。

いちばん大切なのは「元気がないな…」「どうしたのかな…」と疑問に思ったら、自分で原因を探ろうとせず、すぐに病院へ連れていくこと。パピヨンは活発な性格の犬種なので、健康であれば跳びはねるように動き回っているはずですが、動くのをおっくうがったり、散歩や遊びを喜ばないようなら感染症や内臓疾患の恐れも考えられます。体温をはかり、食事の量や便の状態もチェックして、獣医さんに状況を正しく説明しましょう。

Papillon Q&A

## Q 早期発見・早期治療のための留意点は？

**A 日頃の健康チェックを怠らないで**

体の異常を知らせるサインは日常生活の端々に現れます。食欲はあるか、しっかりと睡眠はとっているか、よく遊んでいるか、運動量は充分かといったことから、目、耳、鼻、口、被毛など細部のチェック、体臭や口臭のニオイ、便や尿の状態、痛がったり痒がったりヘンな歩き方をしていたりしないかなど、体全体から行動、表情までトータルでみて健康状態を判断しましょう。

異変をできるだけ早くキャッチするには、健康時の状態をしっかりと把握しておくことが不可欠です。これは飼い主でなければできないことであり、責務とも言えるのです。初めて犬を飼う人には健康の記録をつけることをおすすめします。

### Papillon 遊びながらスキンシップ&ボディチェック

愛犬の健康チェックは毎日行いたいもの。ふつうは散歩から帰った後あるいはシャンプー後のグルーミングで異常がないかを確認しますが、それとは別に、遊び相手をしながら犬の体を触ってチェックすることも一つの方法です。撫でたり触ったりしながらスキンシップをはかることは、飼い主との信頼関係を深めるだけでなく、家族が視診や触診によるボディチェックを行うという意味で病気の早期発見にもつながります。

太り過ぎかやせ過ぎかをみるためにも、ボディチェックは必要です。いちばんよくわかるのが肋骨部分。ここを触ってみて、指を強めに押し当てても骨に触らないときには脂肪がつき過ぎています。首の後ろ側やアゴの下の肉がつかめるほど弛んでいる場合も肥満傾向です。逆に、肋骨や胸、背骨、骨盤を触ると骨が指に当たりゴツゴツしている場合はやせ過ぎと言えるでしょう。

また、触られることに慣れている犬は、病院で診察を受ける際にも動じることが少なく、治療がスムーズにはかどります。体だけでなく、口のまわりを触っても嫌がらないようになればいっそう都合がよいでしょう。普段からなにげなく口に触るようにし、マズル・コントロール（犬の口まわりを手で包み込むように持ち、自由に動かすこと）にも慣れさせていきましょう。

Papillon Q&A

# Q 大切な愛犬の病気を予防するために

## A 伝染病や狂犬病の予防接種は必須です

子犬が生後3ヵ月になったら狂犬病予防注射を受け、各都道府県へ登録することが飼い主に義務づけられています。その後も年1回の追加接種を受けていきます。

伝染病対策としては生後90日頃までに2度の接種を行い（基本的には5～8種などの混合ワクチン）、ジステンパー、犬伝染性肝炎、パルボウイルス、レプトスピラ、犬パラインフルエンザなどの病気を予防します。たとえ母体からの免疫を受けている子犬でも、2度目の接種が終わって2週間も経たないうちは、子犬を外へ連れ出すことは控えましょう。これらの病気にかかると呼吸器や消化器、神経などが侵され、特有の症状や合併症が現れます。体力のない子犬は取り返しのつかないことになる場合もあるので、病気をうつされないようにし、他の犬や動物との接触を避けることが大切です。

予防接種は動物病院で受けるので、主治医がいる場合はそこに連れていきましょう。ワクチンを受ける前に子犬の健康診断、検温が行われますが、興奮して通常より1～2度ほど体温が上がっていてもとくに心配はいりません。

これら伝染病ワクチンのほかにもフィラリアや寄生虫、ノミ、ダニに対する駆除薬があります。これらは多発しやすい時期に定期的に投与しますが、時期や回数については獣医さんに相談してください。

Papillon

### 念のために再度ワクチン接種を

パピヨンの子犬は、スピード感あふれる状況を好みます。ご飯とわかればキッチンへ滑り込み、チャイムが鳴れば竜巻のように廊下を駆けぬけて玄関へ。とにかく疲れ果てて眠る寸前まで、グルグルと動き回っています。ベッドやソファの上からジャンプ！なんてことも平気でやってのけます。

動きが敏捷な分、ちょっと目を離したすきの骨折や股関節の脱臼など、事故が多いことも事実。トラブルを未然に防ぐためにも、自由に遊ばせるのは目の届く範囲にすること。それ以外はサークル内で遊ばせます。また、フローリングの床は滑りやすく事故の元なので、子犬が行動する範囲にはカーペットを敷くなどの対処をしてください。

## 適切な飼い方と健康ケアを心がけましょう

パピヨンの平均寿命は、一三～一五年ぐらいになります。パピヨンは、活発な犬種なので、日々部屋中を動き回っています。そのため、膝のお皿がずれてしまう症状の『膝蓋骨の脱臼』などの足のケガが多くみられます。また、年をとると、腰痛や膝が悪化してくることがあります。その他、眼の網膜が徐々に機能を失う『進行性網膜萎縮症』が挙げられます。

甘えん坊の性格ですから、可愛がりすぎると、コントロールできなくなるので、しつけはきちんとしましょう

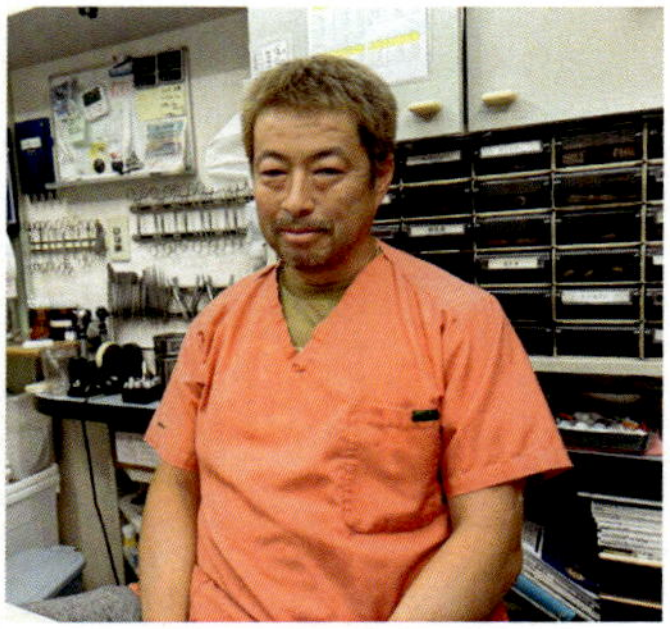

日々愛犬たちの治療に一生懸命に取り組む高野洋史先生

また、歯が悪くなりやすい犬種でもありますから、おねだりされてドッグフード以外のものをあげるのもほどほどにしましょう。

愛犬と少しでも長くいるためには、定期的な健康診断、予防接種、適切な食事と運動、そして、かかりやすい病気への早期発見がとても大切です。

たかのペットクリニック

## 知っておきたい伝染病のいろいろ

### ■ジステンパー

ウイルスを持っている犬（あるいは他の動物）の便や尿、つば、鼻汁、目ヤニなどの接触または空気感染。免疫が不充分の場合、いつでもどこでも感染の恐れがあり、特に子犬、老犬、病中病後の犬はかかりやすいので注意が必要です。感染すると1週間くらいの潜伏期間をおいて発病します。初期には発熱、食欲不振、セキやクシャミ、目ヤニ、鼻水、目の充血、下痢、粘血便などさまざまな症状に見舞われ、進行すると神経系統が冒されてケイレン、てんかんなどの発作が出ます。

獣医さんの診断のもと、抗生物質の投与などの対症療法を受けますが、家庭では消化がよく栄養価の高い食事を与えて体力が落ちないよう留意し、二次感染を防ぎます。発病中の犬は大量のウイルスを排泄するので、消毒などに努めるとともに、他の犬に感染させないように気をつけましょう。ちなみに、人間には感染しません。

# 知っておきたい伝染病のいろいろ

## ■犬伝染性肝炎

　病原菌アデノウイルスに感染した犬の排泄物や分泌物から接触感染します。ジステンパーと合併して発症することが多く、症状としては40度以上の高熱、食欲不振、下痢、血便、腹痛、嘔吐、口腔粘膜や歯肉の点状出血、喉の渇き、目ヤニ、狂騒症状（うるさくほえ続けること）、結膜炎、涙目、角膜混濁など。重症になると肝機能を著しく損ない、黒色粘血便、黄疸、浮腫が現れます。食欲が半減するだけで症状がほとんど出ないケースもあれば、丸一日危篤状態となり、その後少しずつ回復していくケースも。生後1年未満の子犬などは、突然虚脱状態に陥って一晩で死ぬこともあるという怖い病気です。

　対策は、ジステンパーと同じです。

## ■パルボウイルス感染症

　1978年に欧米で発生し、翌年、日本に入ってきた新しい病気。病状の進行が極めて早く、短時間のうちに急激に衰弱するのが特徴で、俗に「犬のコロリ病」と呼ばれています。病犬の排泄物や分泌物からの接触感染。ウイルスは抵抗力が強く地面の上で1年以上も感染力を保持するため、靴の裏などに付着して運び込まれる危険性があります。

　感染すると「パルボウイルス腸炎」となり、腸粘膜が破壊されて出血性の嘔吐、悪臭を伴う血液混じりの下痢などの症状がみられます。急な発症であるため、脱水症状から短時間で衰弱。子犬が感染した場合は心筋炎を併発し、虚脱状態や呼吸困難に陥ってわずか30分以内に死亡することもあります。

　進行が早く死亡率が高いだけに、感染がわかったら速やかに病院へ連れていき、脱水症状を防ぐための集中治療を受けましょう。

## ■レプトスピラ病

　病原菌スピロヘータはペット、家畜、野生動物、さらには人にも感染する伝染病。感染経路はかなり複雑ですが、一般的には病犬やネズミの糞尿に接触したり、水たまりの水を飲むなどして皮膚や口、鼻から進入します。とくにドブや下水道周辺は感染源になりやすいので、長雨や大雨の後の散歩は、いつも以上の注意が必要です。

　症状には急性と慢性があり、急性の場合は吐く、下痢状の血便を出す、口内粘膜が炎症を起こす、黒褐色の尿をする、目ヤニがひどくたまる、黄疸を起こすなどの症状が出ます。また、慢性の場合は病原菌を長期間にわたって排出する保菌動物になるため、他の犬を近づけないようにしましょう。

　治療として効果的なのは抗生物質の投与です。早期発見を心がけ、完治するまで根気よく治療を続けることが大事です。

## ■犬パラインフルエンザ

頑固なセキが続く伝染性呼吸器疾患。セキ以外の症状としては、微熱や鼻汁、吐き気、結膜炎や口腔粘膜の充血など。抵抗力の少ない子犬や栄養状態の悪い犬などがかかりやすい傾向にあります。症状が悪化すると、食欲が減退して気管支炎に移行することもあるので放置は厳禁。速やかに病院で抗生物質の投与を受け、同時に他の犬へ移さないように隔離し、室内や寝床の消毒、換気を徹底的に行います。回復後も排泄物を毎日きちんと処理し、室内の保温や換気に配慮してください。

## ■フィラリア症

蚊を媒介とする犬科特有の寄生虫病。心臓や肺の血管内に寄生したフィラリアが血液中に子虫を産み、蚊がその血を吸うことによって次に刺された犬の体内に子虫が送り込まれます。症状としては食欲不振、息切れなどから始まり、さらに貧血、喀血、黄疸、腹水、突然の失神、浮腫、血尿などが現れます。感染して数ケ月から数年の潜伏期間がありますが、発症した時点で手遅れになることも少なくないため、予防と早期発見が大事となります。

予防としては網戸などの防蚊対策はもちろん、蚊が多発する初夏から秋にかけて、定期的に予防薬を与えることもできます。ただし、すでに子虫が棲みついていることに気づかず投薬すると、副作用で死亡することもあるので、投薬前に血液検査を行って子虫の有無を確認してください。

フィラリア駆虫の治療法には注射や投薬、手術などがあり、病状に応じて選択します。ただし、症状が悪化すると100%の完治は難しくなるので、予防に努めるとともにこまめに検査をして発症前の発見を心がけましょう。

## 寄生虫病の特徴と対策

子犬のうちは、腸内寄生虫によって引き起こされる胃腸障害が心配されます。回虫は、妊娠中の母犬に経口感染し、胎盤を通じて胎児に感染したり、初乳を通じて新生児に感染します。症状としては、粘血便、下痢、発熱、ケイレン、腹部の異常膨満などが現れ、回虫が出す毒素で腸出血、腸閉塞が引き起こされることもあります。

鉤虫（十二指腸虫）は、胎盤感染ではなく、新生児の口または足の裏の皮膚から感染するケースがほとんどです。小腸の粘膜に鉤上の歯を食い込ませ、血液を吸うのですが、この吸血による貧血、出血性の下痢がおもな症状。極度の貧血に見舞われると、歯肉や粘膜、舌が白っぽくなり、土や壁、木片、小石などを食べる「異嗜」行動に出る犬も少なくありません。

そして、ムチのような形をした寄生虫が鞭虫です。経口感染のみで、回虫や鉤虫のように胎盤感染や経皮感染はありません。他の犬が排泄した便中の卵が土中で成熟卵となり、それを摂取することによって感染します。症状は感染の程度によりさまざまですが、通常は盲腸やその周辺に寄生し、ときには激しい盲腸炎や大腸炎を起こすこともあります。水のような下痢便は血の色に近く、鮮血がほとばしるとそのまま死に至ることもあります。

これら寄生虫病の予防としては、衛生管理を徹底し、排泄物をきちんと処理すること。寝床やトイレを清潔にすることはもちろん、万一、庭で感染するようなことがあれば、汚染された土をそっくり入れ替えるくらいの配慮が必要です。

疑わしいと感じたら速やかに病院で検便を受け、その後、適切な駆虫剤を適量与えます。駆虫は獣医さんの指示に従って行うか、一任しましょう。症状が軽ければ駆虫剤の投与ですぐに治りますが、重症の場合はなかなか効かないことがあります。必要に応じて繰り返し投薬を行ってください。また、病気を抱えた子犬は体温低下が伴うため保温を心がけましょう。場合によっては輸液も行います。

腸内寄生虫にはこれらのほかにコクシジウム、トリコモナスといった原虫類がいます。たとえばコクシジュウムは病犬の排泄物などを通して経口感染し、腸の粘膜が破壊されるために激しい出血性の下痢を繰り返し、貧血、脱水、衰弱などが症状として現れます。また細菌やウイルスなどの二次感染を起こしやすいので充分な注意と治療が必要です。やっかいなことにこれらの原虫類は検便では発見されないことがあります。何も見つからなくても下痢が続くときは原虫が原因であるとも考えられるので、2~3日繰り返し検便を行いましょう。

## イザと言う時の処置方法を知っておきましょう

人間同様、犬もいつケガや病気になるかわかりません。苦しむ愛犬を前にして何もできないでは困ります。突然の事故や異変は初期の処置が適切かどうかで、その後の治療や回復に大きな影響を与えます。いざという時にあわてないように、的確な処置の方法を覚えておきましょう。

【下痢】

下痢の原因は栄養の問題から腸内寄生虫、ウイルス感染まで多岐にわたります。下痢以外に症状がなく、元気そうにしているのであれば、まずは12時間ほど何も食事をさせないで様子をみましょう。その間、脱水症状にならないよう水分だけは与えます。そのあとで少量の食事を数回にわけて与え、便の状態を観察します。

心配ない程度であれば、この断食によってすぐに効果は現れるはずですが、それでもまだ下痢が続くようであったり、排泄物に血が混じっている場合は、すぐに獣医さんの診断を受けてください。

【セキ】

病院に連れていくと、たいてい抗生物質を処方してくれますが、症状がおさまるまでには差があります。ウイルス性のセキは非常に感染力が強いので、多頭飼いの場合は病犬をすぐに隔離すること。

とくに子犬や老犬の場合は、感染すると肺炎につながる危険性があるので、病犬と接触しないように注意しましょう。

【かゆみ】

犬が後ろ足でしきりに体を掻くのには理由があるので、犬の毛や皮膚を調べ、ノミやダニの痕跡がないか、皮膚炎になっていないかなどチェックしましょう。ノミ、ダニを発見したら、早めに薬浴させて駆除しましょう。もしダニを発見したら、つまんで引き離そうとするとダニの頭部だけが体に残ってしまい、あとになってかぶれてしまうことがあります。駆除するには薬浴または局所的に専用の殺虫剤をスプレーしましょう。

【嘔吐】

たまに犬が食べたものを戻すことがありますが、元気な様子であれば心配いりません。黄色い胆汁を吐くときには、軽い腹痛を起こしていることがあるので、便の状態を確認しましょう。嘔吐が連続するようであれば、直ちに獣医さんの診断が必要です。もしも犬が毒物を飲み込んだり舐めたりしたときには、その種類やもの、状況を詳しく獣医さんに説明し、解毒剤を飲ませるなどの適切な処置をとります。脱水症状になる危険性もあるので水分を補給してあげましょう。

【やけど】

ヤケドの手当ては患部を冷たい水で冷やすこと、これに尽きます。最低でも5分以上続けましょう。範囲が狭く、症状も軽い場合は、冷たい水に浸したガーゼやタオルでそっと患部を冷やします。広範囲の場合は、体ごと水に浸けます。患部を冷やす前に軟膏を塗ったり、消毒したりすることは厳禁。症状を悪化させるだけです。犬が落ち着きを取り戻したら、直ちに動物病院へ直行しましょう。

【切り傷、すり傷】

まずは犬の歩き方を見たり触ったりして、ケガの場所と程度を確認します。犬は気が動転している上に、傷の痛みや恐怖心から人に噛みつく恐れがあるので、口輪をはめましょう。比較的軽い切り傷や擦り傷などの手当ては、傷口の周りの毛を1cm幅でカット。傷口を消毒、乾燥させます。

【出血】

できるだけ早く止血して、出血による衰弱を防ぐことが大切。出血部分をタオルやハンカチで圧迫して止血します。出血量が多い時には、出血部分より心臓に近い血管を指で押して止血します。また、尾や脚など細い部分のケガには、ひもやゴムで傷より心臓に近い部分を硬く縛って止血します。

10分ほど様子を見て、呼吸が落ち着き体温も下がってきたら、すぐに病院へ。回復が見られないときも、体を冷やしながら急いで病院へ向かいましょう。

## 【乗り物酔い】

ドライブの際、愛犬がうつろな目で鼻水やよだれをたらし、グッタリしているようであれば乗り物酔いをした証拠です。車に乗る前に、獣医さんが処方した酔い止め薬を与える手もありますが、副作用で一日中ボーっとしていることも。できれば日頃からよく車に乗せて慣らすことをおすすめします。

最初は近場からはじめ、徐々に走行距離を延ばし、目的地では存分に遊んであげてください。“車に乗るイコール楽しい”と覚えさせたら、少しずつ症状も改善していくでしょう。車中ではウロウロさせない、ときどき窓をあけて空気の入れ替えをする、出かける直前に食事をさせないなども対策のひとつです。

## 【日射病・熱射病】

カンカン照りの太陽にさらされて起こる日射病。また、炎天下の車内や密閉された箱、室内などに長時間放置され、体内に熱がこもることで起こる熱射病。どちらも飼い主の不注意が招く人災です。犬にとってはいいめいわくですね。まずはこのようなことが起こらないように、飼い主が注意することが大事です。たとえ肌寒い気候でも、車内は直射日光によってすぐに気温が上昇します。車に犬を置いたままにすることは絶対に避けましょう。

日射病・熱射病にかかると、犬は喘ぐように呼吸し、口から泡を吹いてグッタリします。こうなったら一刻も早く冷やさなければなりません。風通しがよく涼しい場所に移し、水や氷で犬の体を冷やしてください。浴槽に水をはり、氷を入れて全身を浸すことができればベターです。水を欲しがるときには少しずつゆっくり飲ませましょう。

## 愛犬を看病するときの心がまえ

Papillon

犬の回復を助けるのに、看護は重要な役割を果たします。何より大切なのは、暖かく居心地のよい環境のもとで、そっと静かに寝かせてあげること。心配だからといって、張りつくように見ていることは逆効果です。人間だって、体調が悪く苦しんでいるときに、しょっちゅう「大丈夫？」などと見に来られたらたまらないでしょう。それは犬でも同じです。安静にさせたうえで主治医の指示に従います。とくに薬物治療の際の用法・容量は必ず守りましょう。食事や水に関しては、少量を頻繁に与えることが基本となります。

## 薬の飲ませ方

### 【錠剤】

①口を開ける

②口の奥に錠剤を入れる

③口を閉じさせ鼻先を上に向け喉をさする

### 【液剤】

①片方の手で鼻先を少し持ち上げるようにし固定する

②もう片方の手にスポイトを持ち犬歯の後ろに差し込んで液剤を流し入れる

③少し鼻先を持ち上げたままにしておく

### 【粉剤】

①口を閉じさせほっぺたを引っ張る

②口の中の歯とほっぺたの間に粉剤を入れる

③ほっぺたを外側からもんで唾液と粉剤を混ぜ合わせる

Papillon

# 上手な薬の飲ませ方

犬に薬を飲ませなければならないケースはよくあります。いやがって吐き出したり、飲み残しがないように上手に飲ませるコツをマスターしましょう。たとえば錠剤やカプセルの場合、食べ物に混ぜて与えますが、種類によっては空腹時に飲ませなければならないもの、あるいは食事に混ぜてはいけないものがあります。そんなときは犬の顔を上に向け、犬の鼻筋に手を置いて親指と人差し指で上顎をつかみます。犬の口を開け、もう片方の手で素早く喉の奥に薬を入れて口を閉じ、数秒押さえてから手を離します。

粉薬の場合、食べ物に混ぜて与える、舌や口の周りに塗りつけてなめさせる、オブラートに包んで錠剤と同じやり方で飲ませるなどいくつかの方法があります。液剤・シロップの場合、口の脇を横に軽く引っ張り、そこからプラスチック製のスポイトで薬を歯の間から注ぎ込みます。

どうしても受け付けず嘔吐する時は獣医さんに相談してください。

# おわりに

著者の村田祐子さんは、パピヨンを愛し、その普及とよいブリーデングのために、長年ご尽力されてきています。そのご苦労と多くの愛犬ファンを育成してきた功績は筆跡に尽くしがたいものがあります。

今までパピヨンの本を村田祐子さんは、私が監修した翻訳本である『犬の歩様力学』をはじめとして、五冊ほど出版しています。

今回の本は、パピヨンの『集大成の本』といっても過言ではありません。具体的には、パピヨンの魅力、歴史、飼育方法、手入れ、しつけ（訓練）、健康管理、それに家系図まで入れたものはまだ見たことがありません。また、海外の個性ある写真やさまざまな季節のシーンの写真で彩られており、この一冊でパピヨンの魅力と上手な育て方が理解できます。まさに、愛犬の原点をみすえた本といえます。

これから愛犬を購入したい方はもちろん、愛犬と共に楽しく暮らしている多くの方々にも、犬種の枠を超えてみていただければ幸いです。

五十嵐　一公

## 《著者プロフィール》

村田 祐子　(むらた ゆうこ)

1982年、ヨーロッパで気品に満ち溢れたエレガントな　パピヨンと出会い、それ以来、性格もよく、愛らしいパピヨンと共に過ごしている。

今は亡きトップブリーダーであったスウェーデンのMrs.S・ロースとイギリスのジャッジでもあるMrs.K・スチュワートなどから指導を受けながら、ブリーディングをはじめ、愛犬全般にわたる良い育て方の啓蒙活動も展開し、現在にいたっている。

出版物は、「ザ・パピヨン」「犬の歩様力学」「犬の構成と歩様」などや多数のコラムなどを執筆・発刊している。

パピヨン
Papillon

2024年11月20日　初版　第1刷発行

著者　村田　祐子

監修　五十嵐　一公

発行人　遠藤　正博
発行　悠々舎　yuyusya.pub
〒108-0074 東京都港区高輪1-2-1
発売　そらの子出版　soranoko.co.jp
TEL 050-3578-6299
印刷　(有)ケイ・ツー社


ISBN 978-4-911255-12-4 C0037